URBAN

城市生态环境
综合评价研究

中国环境监测总站　编著

中国环境出版集团·北京

图书在版编目（CIP）数据

城市生态环境综合评价研究/中国环境监测总站编著. —北京：

中国环境出版集团，2018.12

ISBN 978-7-5111-1391-7

Ⅰ．①城… Ⅱ．①中… Ⅲ．①城市环境－环境生态评价－
研究－中国 Ⅳ．①X321.2

中国版本图书馆 CIP 数据核字（2018）第 300569 号

审图号：GS（2019）4782 号

出 版 人 武德凯
策划编辑 季苏园
责任编辑 曲　婷
责任校对 任　丽
封面设计 艺友品牌

出版发行 中国环境出版集团
（100062 北京市东城区广渠门内大街 16 号）
网　　　址：http://www.cesp.com.cn
电子邮箱：bjgl@cesp.com.cn
联系电话：010-67112765（编辑管理部）
发行热线：010-67125803，010-67113405（传真）
印　　刷 北京中科印刷有限公司
经　　销 各地新华书店
版　　次 2018 年 12 月第 1 版
印　　次 2018 年 12 月第 1 次印刷
开　　本 787×1092　1/16
印　　张 18
字　　数 320 千字
定　　价 90.00 元

编委会

序

　　城市是人类走向成熟和文明的标志，是各类要素资源和经济社会活动最集中的地方。改革开放以来，我国经历了世界历史上规模最大、速度最快的城镇化进程，城市发展波澜壮阔，取得了举世瞩目的成就。但城市发展过程中，不平衡、不协调、不可持续问题依然突出，环境污染、生态破坏、交通堵塞等"城市病"日趋严重，不仅影响了公众健康，也降低了城市宜居水平和居民生活质量。

　　党中央、国务院历来高度重视推进城市绿色转型，提高城市可持续发展能力。"十三五"规划纲要提出，根据资源环境承载力调节城市规模，实行绿色规划、设计、施工标准，建设绿色城市。2015 年中央城市工作会议提出要统筹生产、生活、生态三大布局，提高城市发展的宜居性。《水污染防治行动计划》更是对研究城市环境友好指数提出了明确要求。

　　山水林田湖草是生命共同体的整体系统观是习近平生态文明思想的重要组成部分，指出了生态环境是统一的自然系统，各要素之间是相互依存、紧密联系的有机链条。城市本身就是一个"开放的复杂巨系统"，对城市进行整体保护、宏观管控、综合治理，需要建立在认清城市系统健康状况和存在短板的基础上。因此，以习近平生态文明思想的系统观为指导，研究建立城市生态环境综合评价体系，既是落实《水污染防治行动计划》的具体措施，也对推进城市绿色转型、建设宜居城市具有重要意义。

　　本书在认真梳理总结城市生态环境友好概念发展沿革和国内外研究情况的基础

上，研究并提出了可量化、可排名的综合评价指数——城市生态环境友好指数，建立了涵盖城市的生产、生活、生态方面的三级评价体系。利用国家生态环境监测网和社会经济统计数据，对 2015 年和 2016 年全国主要城市的城市生态环境友好指数进行了计算和排名，并从空间和时间上进行对比分析。

本书是对城市生态环境综合评价的有益探索，有助于科学评判城市污染治理与环境管理成效，具备一定的前瞻性和实用性。希望本书可以为生态环境管理部门和相关科研人员提供帮助，通过大家的工作实践，全面提高我国城市绿色发展水平，给子孙后代留下天蓝、地绿、水净的美好家园。

目录

第1章

绪 论

城市是人类的精神、政治以及文化生活的中心。近年来，随着城镇化的快速推进，伴随城市发展而产生的各种环境问题也越来越多地引起了人们的关注。其中，环境污染、生态破坏、产能过剩所引起的资源过度消耗问题尤其突出。这些问题不仅影响了公众健康，同时也降低了城市的宜居水平和生活质量。如何能够在城市的发展进程中做到与自然环境相辅相成，这也是现如今全球面临的亟待解决的问题。在人口基数大、资源存储量有限的国内大环境下，我国必须将城市化发展道路与生态环境建设相结合。

1.1　城市生态环境友好概念的发展沿革

随着社会的不断发展，环境友好一词也在经历着由首次"亮相"到深入人心的过程。1992 年联合国里约环境与发展大会上通过的《21 世纪议程》，第一次正式提出了环境友好的概念，而这里的环境友好的主要内涵就是指无害环境（Beninde et al, 2015）。到了 20 世纪 90 年代后期，国际社会提出了实行环境友好土地利用和环境友好流域管理，同时在这期间，环境友好技术与环境友好产品也得到了大力发展。2002 年在世界可持续发展首脑会议上，环境友好材料和服务的概念相继被提出，世界各国也陆续开始推行环境友好技术（无害化处理技术）。这些有关环境友好的分支概念都为今后建设环境友好型城市的提出打下了基础。2004 年日本首次提出要建设环境友好型社会（Ayangbenro et al, 2017），引起了世界其他国家的强烈共鸣。2005 年 3 月，胡锦涛总书记在中央人口资源环境座谈会上首次号召我国开始进入建设环境友好型社会的进程。2006 年 10 月，在党的十六届五中全会上，建设环境友好型社会被正式确立为我国长期战略任务。由此可见，建设环境友好型社会，是具有历史的必然性和重大现实意义的。

环境友好型城市概念的提出，旨在从根本上解决环境问题，并将上述分支概念（环境友好服务、环境友好产品等）进行整合运用，提出具有完整性的能够指导实践的理论依据。很多学者都对其进行了研究探讨，简新华（2019）提出，建设环境友好型城市就是要尽量减少有害物质的排放，防治环境污染。这一观念也是对应着国际上将环境友好定义为无害环境的理念，而这一定义过于宏观，并没有将生产、生活与环境的关系结合起来。随着研究的进一步发展，环境友好的概念也在被进一步细化。李详荣等（2006）提出，城市的生产消费活动与城市生态系统的协调和可持续发展是建设环境友好型城市的核心。在温宗国等（2007）的研究中，也明确指出了环境友好城市作为一种全新的城市形态，与资源节约型社会的不同之处在于它更加关注社会活动对自然环境的影响。生态环境既是城市发展的载体，同时又对城市提出了在发展的过程中要遵守生态规律的要求。水能载舟，亦能覆舟。只有二者达到平衡、和谐的状态，城市才能可持续、稳定发展。

如何建立一个环境友好型社会呢？任勇（2005）认为，建立环境友好型社会的核心就是建立环境友好的经济发展模式，而循环经济是最有效的手段。它能够将社会经济系统与生态环境系统之间的物质交换的通量控制在生态环境系统的自净、承受能力之内。在徐统仁（2007）的研究中，明确了建立环境友好型社会的核心是发展循环经济模式，而它需要用绿色政治制度做保障，生态文明和环境文化做基础，绿色科技做支撑。这也是指导建设环境友好城市的理论基础。

总的来说，城市环境友好就是城市与环境处于一个良性互动状态，环境为城市发展在一定程度内提供保障，城市也能尊重生态环境的要求。

1.2　综合评价指标研究进展

1.2.1　国外研究进展

在城市生态环境友好评价体系方面，国外的研究相对较早，国际众多组织通过研究构建了很多评价指标体系。

联合国可持续发展委员会（UNCSD）建立的环境友好指标体系包含大气、土地、大洋、海岸、淡水、生物多样性等几方面，充分突出了环境对于可持续发展的重要性（Lorek et al，2014）。但是，根据上述环境友好的概念，新型的环境友好着重强调人类生产消费活动与生态环境的关系，而该指标体系并没有将环境与生产、生活联系起来。同时，该指标体系也存在指标过多、测试难度大的问题。美国耶鲁大学与哥伦比亚大学共同建立的 ESI 环境可持续发展指数评价体系着重强调了国家之间生态环境的对比情况（Islam et al，2003），它将包括中国在内的 122 个国家的环境友好情况进行了比较，也提醒了各国重视环境友好问题。美国总统委员会也建立了一套可持续发展指标体系，该指标体系通过 10 个方面的目标及各目标下的指标设立体现了可持续发的内涵（Dezfulian，2009）。优点是采用了一些趋势性指标来反映可持续发展未来的趋势，对于政策实施和发展模式的选择起到了积极的引导作用，不足之处是目标之间的层次不够分明导致归属于各指标之下的指标之间相关性比较缺乏，不能更好地体现整个系统发展的生态完整性。DSR 模型是将驱使力（Driving force）—状态（State）—响应（Response）结合起来的由联合国可持续发展委员会提出的评价模型（Motamed，2011）。该模型是在 PSR 模型的基础上进行了改进（Freire et al，2012），将 P（压力）指标替换为 D（驱动力）。在该模型中，D（驱动力）是指人类的哪些生产、生活行为会造成环境的不友好发展；S（状态）是指在可持续发展的状态，R（响应）是指人类应对现在的状态做出的改变。王正环（2008）认为，DSR 模型与 PSR 模型相比，由于压力和响应在引入经济、社会因素的情况下是存在互换的，故 PSR 更适合只对环境类指标进行考量。但是，DSR 模型也存在缺点，叶文虎等（1997）认为该模型虽然突出了环境受到的压力和环境退化之间的因果关系，但是存在"驱使力指标"与"状态指标"的界定划分不清晰的问题。

除国际组织确立的环境友好评价模型外，国外也有很多学者在不同尺度上对环境友好评价做了许多研究。这些基于不同尺度上的研究也为城市尺度上的环境友好评价打下了基础。以下分别从流域（省区）尺度、地区尺度和国家尺度来进行论述。

在流域尺度上，加拿大学者 KR.Gustavson 从生态环境、经济、社会及体制结构等方面对 Fraser 流域进行了环境可持续发展评价（Gustavson et al，1999）。在这个研究中，采用了定性建模的方法，克服了定量数据的局限性。但同时也存在很多弊端，这种定性建模的方法只适用于聚集的空间尺度，比如省区或者是大流域，而对基于较小水平尺度则是不可靠的。同时，这种建模方式也只适合于判断政策的适用性及效果影响，而不能预测具体的环境指标。在地区尺度上，Nick Hanley 运用时间序列分析法通过选取绿色净国民生产总值、真实储蓄率、生态足迹（维持一个人、地区、国家的生存所需要的或者指能够容纳人类所排放的废物的、具有生物生产力的地域面积）、环境空间结构、净初级生产力、可持续经济福利指数以及真实进步指标等对苏格兰 1980—1993 年的环境友好及可持续发展指数进行了评估（Hanley，1999）。从不同指标的角度看，对苏格兰的环境友好程度及是否达到可持续发展状态的判断是不同的：从生态足迹角度看，苏格兰地区在资源利用方面是处于不可持续发展的不良状态，然而从生态真实储蓄率方面看，苏格兰地区在这一时期内达到了可持续发展状态。综上，这种方法并没有将上述的 7 项指标进行综合，对该地区的生态环境友好以及可持续发展程度没有确切的判断结果。美国俄勒冈地区制定的环境友好评价体系中的每一个指标都有长期的历史数据支撑，这样可以方便的用来预测该地区的环境友好情况变化趋势（戴子敬，2013）。在国家尺度上，Mirjana Golusin 认为环境友好评价是一个多维的评价体系，其目的是把经济、生态、社会发展融合为一个整体，他通过对欧洲东南部国家各项子系统指标的赋权、评分，得出经济发展水平与环境生态状况有直接联系的结论，生态子系统指标高的国家的经济发展水平却往往较低（Antov et al，2010）。

1.2.2　国内研究进展

我国关于环境友好评价的研究也是在不断发展的，无论是政府机构还是科研学者都在这方面进行了很多研究。

在区域小尺度上，戴波（2008）从驱动力、压力、状态、影响、响应五方面各选取相应指标对沈阳浑南新区的小尺度范围内的环境友好型社会进行评价。虽然该模型能够反映研究区的生产环节、生活环节、消费环节以及人与环境系统的相互联系，但是它并不能很好地表征未来环境友好的变化趋势。在城市尺度上，中国科学院首次通过选取生存、发展、环境、社会和智力支持系统选取子系统要素层指标共 146 个对我国城市环境友好程度进行了评价。在省级尺度上，吴小节等（2015）从环境影响总量、环境影响发展和环境保护潜力三方面各选取相应指标构建了总的环境友好评价体系。利用主成分因子分析法在省级空间尺度上对我国31个省级行政区的环境友好型社会的发展程度进行了划分。这项研究的缺陷是这些指标的选取都是基于现有文献的数据基础上，没有客观地进行评价分析，同时在尺度的确立上过于宽泛，同一省份中的各城市的差别是仍需要进一步考虑的。各省政府也在各自省域内制定了环境友好评价体系，江西省、山东省、山西省、河南省、云南省都各自选取了相应指标对各自省域内的环境友好情况进行评价，总的来说，这些指标体系整体分为两部分，一部分是能够评价现有的环境友好情况，另一部分是能够表征未来发展趋势的指标，且都结合了经济发展因素与资源环境因素。张新瑞首次在环境友好指标体系里引入了能够反映人与环境关系的环境意识和伦理意识，由此建立了以环境为主线，从环境保护与控制、环境经济社会协调度、环境生态建设与管理、环境伦理与意识五方面中共选取了 38 个具体指标层指标的评价体系。但是也应注意到，这个评价体系里有些指标过于抽象化（如环境意识指标），同时这些指标的数据源的质量也不能够很好的控制。

综上所述，在环境友好评价的研究中，评价体系可以分为只对当前环境友好情况进行评价和既能对当前的环境友好情况评价也能预测未来研究区内的环境友好发展趋势两种类型。对于指标的确定，普遍选择运用 DSR 模型的方法，从驱动力、状态、反应三个方面选取结合经济发展与生态环境因素的多项指标。但是，在现有的环境友好评价体系中，子系统划分依据较为混乱，每个研究体系虽都包含了经济发展与自然生态环境指标，但是没有规范性的归类。

1.3　综合评价方法研究进展

1.3.1　环境友好评价计算方法

定量评价是环境友好评价体系中的核心部分，也是国内外学者多年来在该领域研究的焦点问题。环境友好定量评价从方法上可分为两种：应用数学模型和应用地理信息系统。

1.3.1.1　应用数学模型的定量评价方法

应用数学模型对环境友好情况进行评价是较为常用的一种方式。这种方法不限制于研究区域的尺度，从地区（流域）到生态系统尺度的环境友好评价均可以使用这种方法。常用的数学模型评价方法包括综合指数法、模糊数学综合评判法、灰色系统理论法等。

综合指数法旨在解决复杂总体在指标上不能直接综合的问题。通过引入同度量因素将指标联合，最后通过消除同度量因素来得到综合指数。综合指数评价可以从各个单元角度出发考虑问题，能够保证研究的全面性与客观性（赵倩，2018）。Purushothaman Yuvaraj 等（2018）在研究中运用综合指数法提出了 Total Environmental Quality Index（TEQI），运用 TEQI 指数表征环境的总体质量，包含空气质量、温度、水质、光照等多因素。在我国，综合指数法是《地下水质量标准》（GB/T 14848—93）中推荐的综合评价方法（张永波等，2002），同时该方法也受到了很多专家学者在环境评价方面的认可。厉彦铃等（2005）在环境友好评价体系中选取环境资源因子集、人口社会经济因子集、环境后果变量因子集，并分别从三个因子集中选取相应的评价指标，运用综合评价法，最终计算生态环境综合质量值，对贵州遵义的生态环境质量情况进行评价，划分出了优、良、中、差的区域。陈志云等（2018）利用太原市 2016 年遥感影像和 DEM 数据，通过植被、土壤、地形 3 个指标，利用综合指数法对环境因子进行加权叠加处理，计算出太原市自然生态环境等级并进行评价。综合指数法在水环境评价领域已经是广泛认可的一种综合评价方法，但在区域、城市的环境友好评价中的应用还比较少，仍需进一步探讨。

模糊数学综合评判法是基于模糊数学的综合评价方法，它能根据模糊数学的隶属度理论把定性评价转化为定量评价，即用模糊数学对受到多种因素制约的事物或对象做出一个总体的评价，是常用的研究方法。通俗地讲，模糊数学综合评判法就是利用科学化的逻辑语言将环境以及相关的变化产生的环境的不同点进行合理化的比较，进而保证人们的思想以及行动都能够与自然环境相符（鲍伟，2018）。张燕锋（2018）将模糊数学评判法与模糊变化原理法结合，进而将定性与定量结合，从多层次角度进行了环境友好评价。易江（1990）通过研究，把隶属度作为“权”参与计分，解决了由于最大隶属度原则导致损失信息太多的问题，从而对城市环境质量做出了客观的评价。方建华（1992）应用模糊综合二级评判法，先对环境因素包含几个因子做出一级评判，之后再对 n 个环境因子的总和的总因素集进行二级评判，从而确定了总体环境质量模糊综合评价模型。葛烨等（1991）也同样用这种方法对鞍山市的环境污染状况进行了综合评价，这种二级综合评判的方式比传统的模糊数学评判方式因数据信息更全面，从而提高了评价的精度。由于环境本身就是时刻处于动态变化中，所以说应用模糊数学评价，将确定值替换为隶属度可以针对环境中存在的一些随机或者说不确定的变化或过渡进行描述，使评价结果能够更真实地反映实际情况（王春根等，2017）。

灰色系统理论法是以“部分信息已知，部分信息未知”的“小样本”“贫信息”不确定性系统为研究对象，主要通过对部分已知信息的生成、开发，提取有价值的信息，实现对系统运行行为、演化规律的正确描述和有效监控。戴子敬（2013）运用灰色关联分析先分析出因子的关联性并进行筛选，之后运用 BP 神经网络和灰色预测的方式对环境进行了综合评价与预测。灰色系统理论法的优势也在于能够运用不确定的信息，在有限的范围内通过关联分析，让数据更客观，评价结果更加准确。

1.3.1.2　应用地理信息系统的定量评价方法

在环境友好评价的研究中，也有很多学者运用地理信息系统的方式进行研究。GIS 技术最早应用于流域管理领域，可以被用来作为流域空间的存储及分析工具（唐华丽等，2008）。欧洲一些国家运用 GIS 技术开发了 WATERWARE 系统，使得流域信息的管理及分析更加方便（Dehghani et al，2018）。鉴于 GIS 具有存储空间大，能够支持多种数据库以便于进行数学分析以及强大的地图处理功能，所以在环境友好评价领域，它也应该可以被很好的利用。但是，在目前的研究中，GIS 暂时只应用在区域、流域、水环境等小尺度（张永波等，2002；薛惠敏等，2016），对于城市等大尺度的环境友好评价，GIS 还没有被广泛应用。

除上述运用数学模型和地理信息系统的两种方法以外，戴波（2008）通过运用能值分析法也在大尺度上进行了环境友好评价的研究。他将环境要素纳入了能值计算的范畴，突出了环境对经济的贡献，同时正确地反映了人与环境的平衡。这种方法能够基于生态价值量定量的分析环境友好程度。它具有结果清晰、系统性强的特点，能较好地解决模糊的、难以量化的问题，适合各种不确定性问题的解决。

1.3.2　环境友好指标因子权重的确认方法

确定了环境友好综合评价方法之后，在后续的评价过程中，首先就是要对各层级指标进行赋权，如何确定权重系数，也是综合评价中的最核心部分。赋权的方法总的来说分为两大类：一类是主观法，另一类是客观法。在实践中经常采用的是主观法，大致分为层次分析法、专家咨询法等；客观法中有 TOPSIS 模型的熵权法、极差法等。同时主观法和客观法也可综合使用，以确定综合权重值。

层次分析法是由美国运筹学家 T.L.Saaty 在 20 世纪 70 年代提出的用来分析相互关联、制约着的且由众多因素构成的复杂系统的一种决策方法（邓雪，2012）。张新瑞（2007）运用层次分析法，通过建立递阶层次结构、构造判断矩阵、经过层次排序后得出特征向量和特征根、层次总排序并进行一致性检验的五个步骤，得出每一项指标的权重。确定权重之后，运用线性加权法，计算得出综合环境友好指数，形成环境友好评价经验模型。TOPSIS——逼近理想解排序法也可以用来对环境友好程度进行定量评价，这是一种离散多目标的决策方法，通过确定最优解 $Q+$ 和最劣解 Q，并分别求出各方案与它们的距离之后，得出每个方案的相对接近度，也就是评价指数。李名升和佟连军（2007）将每个行政省区看作一种方案，通过 TOPSIS—熵权法确定各级指标权重，之后再进行省区之间的对比排序，最终将全国省区按综合指数进行总排序。TOPSIS 评价方法具有简洁明了、逻辑性强的特点，更助于建立系统型的评价体系（彭水军等，2006）。而张燕锋（2008）则将主观法和客观法进行综合，运用层次分析法进行主观赋权，运用熵权法进行客观赋权，之后通过"加法"集成确定综合值，这种综合方法能够同时体现主客观信息，并且同时弥补了主观方法的主观随意性和客观方法因数据样本数量小而产生的局限性。

在环境友好评价的研究中，赋权方法应有的种类较少，还有很多统计学上能够客观计算权重的方法（如变异系数法等），现并未在环境评价领域应用，值得进一步研究。

1.3.3　环境友好评价等级划分

环境友好评价的最后一个环节是对综合结果进行评级划分。分级标准的划定需要反映各区域环境友好的等级区别，同时根据研究尺度不同，分级区间也应随之变化。分级的依据也应根据研究区域的相关规定来制定。但是，国内外针对这一部分的专项研究极为少见。总体来说，环境友好评价的结果等级划分，整体分为两种，分为百分制分级法和（0，1）区间分级法，而区间的等级划分却没有明确的依据且划分尺度不一，进而需要进一步深入研究。

1.4　研究存在的问题和发展趋势

环境友好型城市作为一种新的城市发展模式，是建设资源节约型、环境友好型社会的必然要求，是落实科学发展观的重要举措，也是我国经济、社会、环境协调发展的战略选择（赵沁娜，2010）。从上述研究来看，在环境友好指标体系的选取方面，大体分为经济发展指标和生态环境指标两大类，也有少部分研究体系引入了伦理道德指标，但是由于定量研究比较困难，故不适宜在定量评价中引入类似指标。在环境友好评价方法的选取方面，分为应用数学模型和地理信息系统两大类，目前广泛应用的是运用数学模型的方法，运用地理信息系统来进行城市尺度上的环境评价还比较少，值得进一步研究。在应用数学模型的评价方法中，核心部分为如何确定各个指标的权重，主要分为主观和客观两种方式。将主观法与客观法结合使用，能够最大限度地发挥两种方法的优点，很多研究都采用了层次分析法进行主观赋权，再用熵权法（客观赋权法）进行修正的方式。在环境友好等级划分环节，分为百分制分级法和（0，1）区间分级法，但是鲜有研究对这部分划分的依据进行详细论述。根据研究区的尺度大小及区域特性，建立合适的环境友好评价模型对于环境的友好发展是极其重要的，故应综合考量各个环节采用的研究方法的优缺点，以建立系统性的环境友好综合评价体系。

1.5 政策依据、研究目的与基本原则

根据《水污染防治行动计划》第十条"强化公众参与和社会监督"中提出的"各省（区、市）人民政府要定期公布本行政区域内各地级市（州、盟）水环境质量状况"，"研究发布工业集聚区环境友好指数、重点行业污染物排放强度、城市生态环境友好指数等信息"的规定，开展"城市生态环境友好指数"研究。

城市生态环境友好指数研究的主要目的是：研究和发布"城市生态环境友好指数"并对全国城市进行排名，能够综合评价城市水、气、酸雨、噪声、生态等要素环境质量，科学评判城市污染治理与环境管理成效；能够增强城市间的良性竞争和交流互动，有效促进城市环境质量改善；能够加强环境信息公开和公众参与，充分发挥公众舆论监督。

城市生态环境友好指数研究的基本原则是：以改善生态环境质量为核心，全方位综合评价城市生态环境质量现状及变化趋势；关注城市绿色发展水平，充分体现城市发展过程中的环境友好、资源节约行动的实际效果；突出重点，引导方向，定量为主，定性为辅，致力于使评价结果和排序科学、客观、公平、合理。

第2章

综合评价方法研究

为了促进城市绿色转型，推动城市的全面协调可持续发展，有必要建立一套系统的评价体系，对各城市的生态环境友好程度进行科学评价。

2.1　指标体系构建

2.1.1　二级指标分类依据

党的十八大报告和我国生态文明建设政策明确提出我国生态文明建设期间要实施经济社会生态效益相统一的原则，控制开发强度，调整空间结构，促进生产空间集约高效、生活空间宜居适度、生态空间山清水秀，给子孙后代留下天蓝、地绿、水净的美好家园。2015 年中央城市工作会议提出要统筹生产、生活、生态三大布局，提高城市发展的宜居性。近几年党中央和国务院生态文明的政策不断完善，为推动"三生"空间的发展提供了政策保障。党的十九大报告中指出"建设生态文明是中华民族永续发展的千年大计……坚定走生产发展、生活富裕、生态良好的文明发展道路，建设美丽中国，为人民创造良好生产生活环境，为全球生态安全做出贡献。"基于上述依据，从城市生态、生产、生活三个方面构建城市生态环境友好指数的二级指标及分指数。

2.1.2　三级指标选取原则

在二级指标类别下设的三级指标的选取应具体遵循以下几个原则：

1）科学性。指标体系中的所有指标的选取都应以科学性作为基础，且每个指标都具有明确的物理意义（刘晓洁，沈镭，2006）。

2）全面性。指标体系应能全面定量评价城市环境的各个方面，即生态环境、生产环境和生活环境。指标体系的结构清晰，便于指标间进行比较（王丽等，2007）。

3）可操作性。选用的指标数据的来源可靠，更新速度较快，出处具有权威性。且指标采用国际通用的名称、概念和单位，便于进行区域间、城市间的对比分析（吴玫玫等，2010）。

同时，在确定指标的选取时，整合了国内外诸多相关文献，参考了比较成熟的城市环境友好评价体系中的指标选取，并对同类指标进行了筛选，选取具有代表性的指标（龚曙明等，2009）。

2.1.3　三级指标筛选

通过参考国内外较成熟且具有一定权威性的指标体系，对其具体指标根据上述基本原则进行筛选。之后按照本研究对城市生态环境友好的分类（生态、生产、生活）进行指标归类，具体指标的选取如下：

生态分指数体现了对城市及周边的环境空气质量、酸雨状况、地表水水质、生态环境状况的综合评价。

1）空气质量综合指数

指标解释：空气质量综合指数 I_{sum} 是指评价时间段内，参与评价的各项污染物的单项质量指数之和，综合指数越大表明空气污染程度越重。具体计算方法见《城市环境空气质量排名技术规定》（环办〔2014〕64 号）。

指标来源：中国生态环境状况公报。

数据来源：中国环境监测总站。

2）空气质量达标天数比例

指标解释：空气质量达标天数比例（%）=空气质量达标天数/全年监测总天数×100%。

指标来源：绿色发展指标体系、生态文明建设目标体系。

数据来源：中国环境监测总站。

3）酸雨频率

指标解释：酸雨频率（%）=全年酸雨次数/全年降水次数×100%。

指标来源：生态文明试验区生态建设监测指标体系。

数据来源：中国环境监测总站。

4）城市水质指数

指标解释：根据城市辖区内河流和湖库的 CWQI 指数，取其加权均值即为该城市的 CWQI 指数。具体计算方法见《城市地表水环境质量排名技术规定》。

指标来源：城市地表水环境质量排名技术方案。

数据来源：中国环境监测总站。

5）生态用地比例

指标解释：森林、草地、沼泽、水域、湿地等生态功能显著的土地利用类型占全市面积的百分比。

指标来源：武汉市"两型"社会建设评价体系。

数据来源：中国环境监测总站。

生产环境友好分指数体现了对城市经济发展水平、产业结构、能源结构以及"三废"排放和利用状况的综合评价。

1）单位土地经济产出

指标解释：单位土地经济产出（万元/km^2）=市辖区生产总值（万元）/市辖区面积（km^2）。

指标来源：绿色发展指数。

数据来源：中国城市统计年鉴。

2）第三产业占 GDP 比重

指标解释：第三产业占 GDP 比重（%）=城市第三产业生产总值（万元）/全年城市生产总值（万元）×100%。

指标来源：生态文明建设目标评价体系。

数据来源：中国城市统计年鉴。

3）单位 GDP 电耗

指标解释：单位 GDP 电耗（万 kW·h/万元）=全社会用电量总量（万 kW·h）/城市生产总值（万元）。

指标来源：绿色发展指数。

数据来源：中国城市统计年鉴。

4）单位 GDP 水耗

指标解释：单位 GDP 水耗（t/万元）=城市供水总量（t）/城市生产总值。

指标来源：绿色发展指数。

数据来源：中国城市统计年鉴。

5）单位 GDP 废气污染物排放量

指标解释：单位 GDP 二氧化硫排放量（t/万元）=城市二氧化硫排放总量（t）/城市生产总值（万元）。

单位 GDP 氮氧化物排放量（t/万元）=城市氮氧化物排放总量（t）/城市生产总值（万元）。

单位 GDP 烟（粉）尘排放量（t/万元）=城市烟（粉）尘排放总量（t）/城市生产总值（万元）。

指标来源：绿色发展指数。

数据来源：中国环境统计年报，中国城市统计年鉴。

6）单位 GDP 废水污染物排放量

指标解释：单位 GDP 化学需氧量排放量（t/万元）=城市化学需氧量排放总量（t）/城市生产总值（万元）。

单位 GDP 氨氮排放量（t/万元）=城市氨氮排放总量（t）/城市生产总值（万元）。

指标来源：绿色发展指数。

数据来源：中国环境统计年报，中国城市统计年鉴。

7）单位 GDP 固体废物排放量

指标解释：单位 GDP 固体废物排放量（t/万元）=城市固体废物排放量（t）/城市生产总值（万元）。

指标来源：绿色发展指数。

数据来源：中国环境统计年报，中国城市统计年鉴。

生活环境友好分指数体现了对与城市居民生活密切相关的饮用水安全、污水垃圾处理、城市绿化、环境噪声等环境问题的综合评价。

1）集中式饮用水水源地水质达标率

指标解释：集中式饮用水水源地水质达标率（%）=水质达标的城市集中式饮用水水源地（个）/城市全部集中式饮用水水源地（个）。

指标来源：生态文明试验区生态建设监测指标体系。

数据来源：中国环境监测总站。

2）城市生活污水集中处理率

指标解释：城市生活污水集中处理率（%）=城市生活污水处理量（t）/城市生活污水排放总量×100%。

指标来源：生态文明试验区生态建设监测指标体系。

数据来源：中国环境统计年报。

3）城市生活垃圾无害化处理率

指标解释：城市生活垃圾无害化处理率（%）=无害化处理的城市建成区生活垃圾

（t）/城市生活垃圾总量（t）×100%。

指标来源：生态文明试验区生态建设监测指标体系。

数据来源：中国环境统计年报。

4）建成区绿化率

指标解释：建成区绿化率（%）=城市建成区各类绿化植被的垂直投影面积（km^2）/城市建成区面积（km^2）×100%。

指标来源：生态文明试验区生态建设监测指标体系。

数据来源：中国城市统计年鉴。

5）区域环境噪声

指标解释：昼间城市区域环境噪声。

指标来源：生态文明试验区生态建设监测指标体系。

数据来源：中国环境监测总站。

6）交通干线噪声

指标解释：昼间城市交通干线噪声。

指标来源：生态文明试验区生态建设监测指标体系。

数据来源：中国环境监测总站。

2.1.4　评价指标体系及指标属性

经过对基础评价指标的分类和筛选，构建的城市生态环境友好指数评价指标体系见表 2-1。

根据各项三级指标的实际意义，确定各项指标的属性，如表 2-2 所示。

表 2-1 城市环境友好指标体系

一级指标	二级指标	三级指标	
城市生态环境友好 指数 UEFI	生态分指数 EEFI	空气质量综合指数 I_{sum}	
		空气质量达标天数比例	
		酸雨频率	
		城市水质指数	
		生态用地比例	
	生产分指数 PEFI	单位土地经济产出	
		第三产业占 GDP 比重	
		单位 GDP 电耗	
		单位 GDP 水耗	
		单位 GDP 废气污染 物排放	二氧化硫
			氮氧化物
			烟粉尘
		单位 GDP 废水污染 物排放	化学需氧量
			氨氮
		工业固体废物综合利用率	
	生活分指数 LEFI	集中式饮用水水源地水质达标率	
		城市生活污水集中处理率	
		城市生活垃圾无害化处理率	
		建成区绿化率	
		区域环境噪声	
		交通干线噪声	

表 2-2 城市生态环境友好指数 UEFI 三级指标属性

三级指标	单位/量纲	评价范围	指标性质
空气质量综合指数 I_{sum}	无量纲	全市	负向
空气质量达标天数比例	%	全市	正向
酸雨频率	%	全市	负向

三级指标		单位/量纲	评价范围	指标性质
城市水质指数		无量纲	全市	负向
生态用地比例		%	全市	正向
单位土地经济产出		万元/km²	市辖区	正向
第三产业占 GDP 比重		%	市辖区	正向
单位 GDP 电耗		万 kW·h/万元	市辖区	负向
单位 GDP 水耗		t/万元	市辖区	负向
单位 GDP 废气污染物排放	二氧化硫	t/万元	全市	负向
	氮氧化物	t/万元	全市	负向
	烟粉尘	t/万元	全市	负向
单位 GDP 废水污染物排放	化学需氧量	t/万元	全市	负向
	氨氮	t/万元	全市	负向
工业固体废物综合利用率		%	全市	正向
集中式饮用水水源地水质达标率		%	全市	正向
城市生活污水集中处理率		%	建成区	正向
城市生活垃圾无害化处理率		%	建成区	正向
建成区绿化率		%	建成区	正向
区域环境噪声		dB（A）	建成区	负向
交通干线噪声		dB（A）	建成区	负向

2.2　指标权重确定

本书采用通过主观法确定主观权重、通过客观法对其修正的方法来确定城市生态环境友好指数体系各层次的权重。能够在保留专家主观判断的基础上增加一定客观性，使权重的确定更加科学。

2.2.1　主观权重的确定

主观权重的确定采用层次分析法。层次分析法是美国运筹学家匹茨堡大学教授T.L.Saaty 提出的一种层次权重决策分析方法。该方法是将定性分析与定量分析结合起来，按总目标、各层子目标、评价准则直至具体的备择方案的顺序分解为不同的层次结构，然后用求解判断矩阵特征向量的办法，求得每一层次的各元素对上一层次某元素的优先权重，最后再加权和的方法递阶归并各备择方案对总目标的最终权重，此最终权重最大者即为最优方案。本书采用层次分析法（AHP）来对环境友好评价体系中的主观权重部分进行确定。运用层次分析法的步骤如下：

1）设置判定规则

比较 n 个因子对某因素的影响大小，采用两两比较建立判断矩阵。x_i 与 x_j 对 z 的影响之比为 a_{ij}，反之，x_j 与 x_i 的影响之比为 $1/a_{ij}$，如表 2-3 所示。

表2-3　设置判定规则

Satty标度法序号	重要性程度	含义	赋值
1	两因素相比，具有相同重要性	相同重要	1
2	介于 1/3 之间		2
3	两因素相比，前者比后者稍微重要	稍微重要	3
4	介于 3/5 之间		4
5	两因素相比，前者比后者明显重要	明显重要	5
6	介于 5/7 之间		6
7	两因素相比，前者比后者强烈重要	强烈重要	7
8	介于 7/9 之间		8
9	两因素相比，前者比后者极端重要	极端重要	9
10	因素 i 与 j 相比为 a_{ij}，则 $a_{ji}=1/a_{ij}$		倒数

2）专家打分法构造判断矩阵

本研究共发放 85 份调查问卷，有效问卷 82 份，问卷来源于全国范围内从事环境工作的专家、学者。问卷内容为：各层级指标两两相比，将重要性水平按 1～9 标度法进行打分。之后，将结果进行加权平均综合计算，从而构造判断矩阵。

$$A = \left(a \times N_1 + b \times N_2 + c \times N_3 \cdots n \times N \right) / 82$$

式中，a —— 某指标的重要性打分值（1～9；$1/a$）；

N —— 选择该项的问卷数。

$A_K=（a_{ij}）$判断矩阵如下：

$$A_3 = \begin{bmatrix} A_{11} & A_{12} & A_{13} \\ A_{21} & A_{22} & A_{23}\cdots \\ A_{31} & A_{32} & A_{33} \end{bmatrix}$$

之后将判断矩阵进行标准化，标准化矩阵为 B。

$$B_{ij}=A_{i1}/（A_{i1}+A_{i2}+A_{i3}）$$

$$B_3 = \begin{bmatrix} B_{11} & B_{12} & B_{13} \\ B_{21} & B_{22} & B_{23}\cdots \\ B_{31} & B_{32} & B_{33} \end{bmatrix}$$

权重 $C_n=（B_{n1}+B_{n2}+B_{n3}）/3$

3）一致性检验

将 AHP（层次分析法）算法计算的权重结果进行一致性检验。运用 CR（相容比）指标，检验比较矩阵的一致性。CR=CI/RI，式中，CI 为相容系数；RI 为随机指数。相容指数 CI 的定义为 CI=（$\lambda_{max}-n$）/（$n-1$）。λ_{max} 为矩阵的最大特征根。

$$\lambda_{max} = \sum_{i=1}^{n} \alpha_{\overline{\omega}} / n_\omega$$

式中，α —— 第 i 个元素值；

n —— 矩阵阶数；

ω —— 向量。

RI 为随机生成的比较矩阵的 CI 的平均值，如表 2-4 所示。若 CR＞0.10，则意味着结果是不可信的，若 CR≤0.10，则意味着是可信的。

表 2-4　平均随机一致性指标

阶数	1	2	3	4	5	6	7	8	9	10
RI	0	0	0.58	0.9	1.12	1.24	1.32	1.41	1.45	1.49

2.2.2 客观权重的修订

本书客观权重的确定方法采用熵权法。熵权法的基本思路就是根据变异性的大小。若某个指标信息熵越小，表明指标值的变异程度越大，提供的信息量越多，在综合评价中所能起到的作用也就越大，其权重也就越大；相反，某个指标信息熵越大，表明指标值的变异程度越小，提供的信息量越少，在综合评价中所能起到的作用越小，相应的权重也就越小。运用熵权法计算客观权重的步骤如下：

1）数据标准化

将各个指标的数据进行标准化处理。

假设给定了 n 个指标 X_1，X_2，$\cdots$，X_n，其中 $X_i = \{X_1, X_2, \cdots, X_n\}$，假设对各个数据标准化之后的值为 Y_1，Y_2，$\cdots$，Y_n，那么 $Y_{ij} = \dfrac{X_{ij} - \min(X_i)}{\max(X_i) - \min(X_i)}$

2）求信息熵

$$E_j = -\ln(n)^{-1} \sum_{i=1}^{n} P_{ij} \ln P_{ij}$$

式中，$P_{ij} = Y_{ij} / \sum_{i=1}^{n} Y_{ij}$，如果 $P_{ij} = 0$，则定义 $\lim_{P_{ij} \propto 0} P_{ij} \ln P_{ij} = 0$。

3）确定各项指标权重

根据信息熵的计算公式，计算出各个指标的信息熵为 E_1，E_2，E_3，$\cdots$，E_n。通过信息熵计算各指标的权重为

$$W_i = \frac{1 - E_i}{n - \sum E_i}$$

4）计算综合权重

将主观权重与客观权重按照（0.7∶0.3），

$$E = 0.7 \times C_n + 0.3 \times W_i$$

综上述方法，经过计算，综合权重结果见表2-5。

表 2-5 指标权重设置表

一级指标	二级指标		三级指标		
	名称	权重	名称		权重
城市生态环境友好指数 UEFI	生态分指数（EEFI）	40%	空气质量综合指数		26%
			空气质量达标天数比例		23%
			酸雨频率		15%
			城市水质指数		20%
			生态用地比例		16%
	生产分指数（PEFI）	30%	单位土地经济产出		16%
			第三产业占 GDP		15%
			单位 GDP 电耗		14%
			单位 GDP 水耗		15%
			单位 GDP 废气污染物排放量	二氧化硫	50%
				氮氧化物	50%
				烟粉尘	40%
			单位 GDP 废水污染物排放量	COD	70%
				氨氮	70%
			工业固体废物综合利用率		12%
	生活分指数（LEFI）	30%	集中式饮用水水源地水质达标率		26%
			城市生活污水集中处理率		19%
			城市生活垃圾无害化处理率		17%
			建成区绿化率		13%
			区域环境噪声		13%
			交通干线噪声		12%

2.3 综合指数计算方法

2.3.1 数据标准化方法

由于各三级项指标的原始数据在量纲和数值分布态的差异，因此在进行计算前首先需要进行数据标准化处理。

$$\psi_{\mu,\sigma}(X) = \frac{X-\mu}{\sigma}$$

$$Y_i = \psi_{50,10}^{-1}\left[a_i\psi_{\mu_i,\sigma_i}(X_i)\right]$$

式中，X——三级指标原始值；

Y——三级指标修正值；

μ_i、σ_i——X 的均值和标准差；

a——调整系数，对正向指标的 a=1，对负向指标的 a=-1。

为保证多年统计结果可比，目前以 2015 年和 2016 年各指标数据的均值和标准差作为 μ_i 和 σ_i，计划后期将均值和标准差的计算年代延长至近 5 年。

为避免极端异常数值影响数据整体分布态，将标准化后的三级指标修正值 Y_i 中小于 0 数值的设为 0，大于 100 的设为 100。

2.3.2 分指数计算方法

二级指标分指数（生态分指数 EEFI、生产分指数 PEFI 和生活分指数 LEFI）通过各项对应所包含的三级修正值与权重乘积相加得出，指具体计算过程如下式：

$$Z = \sum_{i=1}^{n} Y_i A_i$$

式中，Z——二级指标分指数；

Y——三级指标修正值；

A——三级指标权重；

n——二级指标所包含的三级指标个数。

2.3.3 城市生态环境友好指数 UEFI 计算方法

城市生态环境友好指数 UEFI 通过二级指标分指数与权重乘积相加，并减去扣分项得出，如下式：

$$\text{UEFI} = \sum_{j=1}^{m} Z_j B_j - C$$

式中，UEFI——城市生态环境友好指数；

Z——二级指标分指数；

B —— 二级指标权重；

C —— 扣分项总值。

2.3.4 数据缺失处理及修约方式

为保证城市间的可比性，如个别城市的三级指标数据出现缺失，则该项三级指标不参与二级指标分指数计算，同时将其他指标计算结果进行等比例放大，如下式：

$$Z = \frac{Z'}{1 - A_{缺}}$$

式中，Z —— 二级指标分指数；

Z' —— 有数据三级指标修正值与权重乘积加和；

$A_{缺}$ —— 缺失数据三级指标对应权重的加和。

数据统计和计算结果按照《数值修约规则与极限数值的表示和判定》（GB/T 8170—2008）的要求进行修约。三级指标修正值 Y、二级指标分指数 Z 和城市生态环境友好指数 UEFI 均保留 2 位小数位数。

2.4 排名方法

按照参评各市城市生态环境友好指数 UEFI 分值从大到小进行排名，分值越大排名越靠前，说明城市生态环境友好程度越高，分值相同城市以并列计。生态分指数 EEFI、生产分指数 PEFI 和生活分指数 LEFI 的排名方法也参照城市生态环境友好指数 UEFI。

2.5 适用范围

城市生态环境友好指数评价及排名办法的适用范围为全国所有具有较为完整可查统计数据的地级及以上城市，暂时不含自治州、地区和盟以及港澳台（2015 年和 2016 年均为 289 个城市）。

第3章

全国尺度分析

利用 2015 年和 2016 年全国 289 个地级及以上城市相关数据计算城市生态环境友好指数 UEFI 以及三项分指数（生态分指数、生产分指数、生活分指数），对各个城市的城市生态环境友好指数和各分指数进行排名，综合分析全国尺度城市生态环境友好指数情况。

3.1 城市生态环境友好指数UEFI总体情况

3.1.1 2016 年城市生态环境友好总指数 UEFI 排名情况

计算结果表明，2016 年全国城市生态环境友好指数 UEFI 排名前十位的城市由好到坏分别为鄂尔多斯、三亚、丽江、惠州、广州、福州、张家界、海口、南宁、防城港。排名后十位的城市由差到好分别为阳泉、滨州、邢台、临汾、保定、聊城、安阳、石家庄、菏泽、商丘。其中，北京、上海、重庆、天津四个直辖市的排名情况为分别排在全国第 39 位、第 34 位、第 102 位、第 225 位。

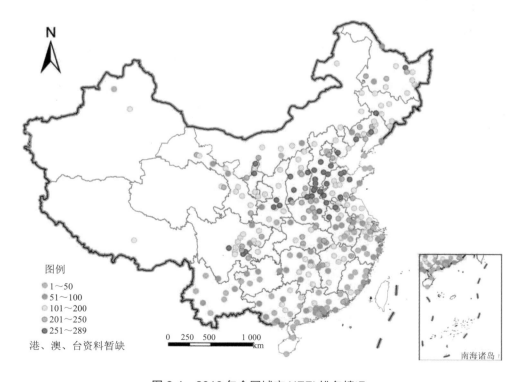

图 3-1 2016 年全国城市 UEFI 排名情况

在 31 个省会城市中，城市生态环境友好指数 UEFI 排名前五位的城市由好到差分别为广州、福州、海口、南宁、昆明。排名后五位的城市分别为石家庄、沈阳、郑州、天津、太原。

UEFI 排名的空间分布呈现一定的地带性特征，华北平原、汾渭平原、四川盆地、辽河平原等地区城市的排名较差。而南方沿海各省、云贵高原等地区城市的排名较好，超过 70% 的城市排在了全国前 100 位。

3.1.2　2015—2016 年城市生态环境友好指数 UEFI 变化情况

整体来看，2015—2016 年城市生态环境友好指数 UEFI 排名上升的城市数量略多于排名下降的城市。在排名发生变化的城市中，变化幅度小于 50 名的城市占大多数，近总数量的 3/4，说明从整体来看，2015—2016 年城市的环境友好排名波动不大，稳定性较高，仅有个别城市的变化幅度超过 100 名（排名上升超过 100 名的有 9 个城市，排名下降超过 100 名的有 7 个城市）。

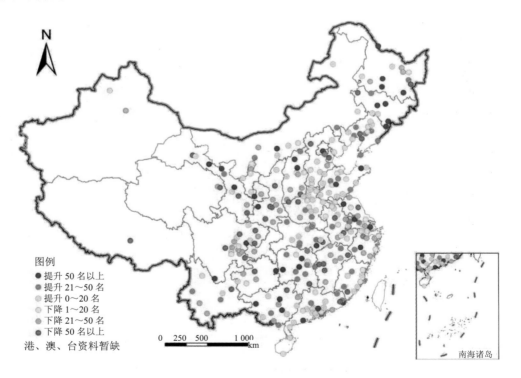

图 3-2　2015—2016 年全国城市 UEFI 排名变化情况

在全国范围内，2015—2016 年，城市生态环境友好指数排名上升的城市共有 149
个城市，占总数量的 52%。排名上升幅度最大的前十名见表 3-1。

表 3-1　2015—2016 年 UEFI 排名上升幅度前十名

序号	城市代码	名称	2016 年	2015 年	涨幅
1	370600	烟台	47	210	↑163
2	230100	哈尔滨	125	262	↑137
3	620700	张掖	54	187	↑133
4	450200	柳州	60	187	↑127
5	431300	娄底	88	214	↑126
6	620300	金昌	107	224	↑117
7	110000	北京	39	143	↑104
8	220600	白山	125	228	↑103
9	220200	吉林	137	237	↑100
10	421200	咸宁	54	151	↑97

在全国范围内，2015—2016 年，城市生态环境友好指数排名下降的城市共有 136
个城市，占总数量的 47%，排名下降幅度最大的前十名见表 3-2。

表 3-2　2015—2016 年 UEFI 排名下降幅度前十名

序号	城市代码	名称	2016 年	2015 年	降幅
1	511800	雅安	253	21	↓232
2	361100	抚州	243	101	↓142
3	610100	西安	200	69	↓131
4	610600	延安	181	56	↓125
5	410300	洛阳	243	124	↓119
6	540100	拉萨	171	60	↓111
7	511900	巴中	172	70	↓102
8	360900	宜春	226	129	↓97

序号	城市代码	名称	2016 年	2015 年	降幅
9	621100	定西	193	96	↓97
10	340700	铜陵	160	66	↓94

在全国范围内，2015—2016 年，有 4 个城市的排名情况无变化。分别为海口（第6 名）、中山（第 25 名）、焦作（第 264 名）、鹤壁（第 273 名）。

3.2 生态分指数EEFI总体情况

3.2.1 2016 年生态分指数排名情况

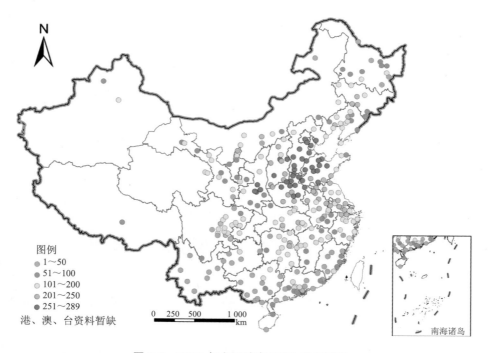

图 3-3 2016 年全国城市 EEFI 排名情况

2016 年全国城市生态分指数 EEFI 排名前十位城市由好到差为伊春、丽江、防城港、普洱、三亚、河源、呼伦贝尔、黑河、汕尾、安顺，排名后十位城市由差到好为石家庄、邢台、聊城、衡水、德州、沧州、廊坊、菏泽、东营、新乡。北京、上海、重庆、天津四个直辖市分别排在全国第 258 位、第 188 位、第 140 位、第 252 位。

在 31 个省会城市中，生态分指数 EEFI 排名前五位的城市由好到差分别为南宁、贵阳、昆明、拉萨、福州。排名后五位的城市分别为石家庄、郑州、太原、济南、北京。

生态分指数 EEFI 排名的空间分布上看，京津冀及周边、汾渭平原、长三角、珠三角、成都平原等地区城市的排名较差，而云贵高原、广西、福建、黑龙江等地区城市的排名较好。

3.2.2　2015—2016 年生态分指数变化情况

整体来看，城市生态分指数 EEFI 排名上升的城市略大于排名下降的城市。其中，所有城市变化幅度均小于 100 名，且绝大多数城市的变化幅度小于 50 名。EEFI 也是三项分指数中稳定情况最好的。

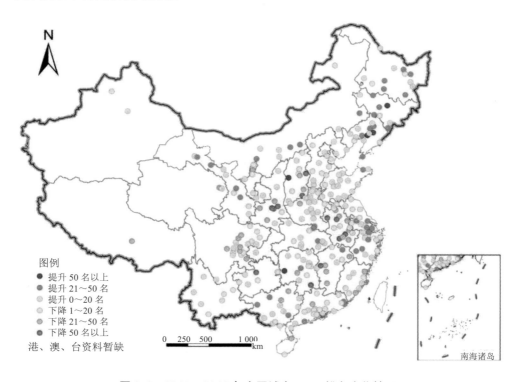

图 3-4　2015—2016 年全国城市 EEFI 排名变化情况

在全国范围内，2015—2016 年，生态分指数排名上升的城市共有 146 个城市，占总数量的 50%，排名上升幅度最大的前十名见表 3-3。

表 3-3　2015—2016 年 EEFI 排名上升幅度前十名

序号	城市代码	名称	2016 年	2015 年	涨幅
1	431200	怀化	60	130	↑70
2	220200	吉林	104	171	↑67
3	210300	鞍山	175	237	↑62
4	210500	本溪	65	122	↑57
5	141100	吕梁	206	256	↑50
6	441700	阳江	35	84	↑49
7	440500	汕头	87	133	↑46
8	230100	哈尔滨	152	198	↑46
9	230400	鹤岗	52	95	↑43
10	150300	乌海	183	225	↑42

在全国范围内，2015—2016 年，生态分指数排名下降的城市共有 134 个城市，占总数量的 46%，排名下降幅度最大的前十名见表 3-4。

表 3-4　2015—2016 年 EEFI 排名下降幅度前十名

序号	城市代码	名称	2016 年	2015 年	降幅
1	520300	遵义	116	30	↓86
2	360900	宜春	128	55	↓73
3	431000	郴州	133	64	↓69
4	610400	咸阳	263	194	↓69
5	340700	铜陵	212	145	↓67
6	140300	阳泉	279	216	↓63
7	340800	安庆	146	87	↓59
8	341200	阜阳	233	177	↓56
9	610500	渭南	265	210	↓55
10	140500	晋城	206	152	↓54

在全国范围内，2015—2016 年，有 9 个城市的排名情况无变化。分别为齐齐哈尔（第 87 名）、上饶（第 108 名）、巴彦淖尔（第 110 名）、莱芜（第 251 名）、开封（第 254 名）、唐山（第 265 名）、焦作（第 271 名）、郑州（第 275 名）、邯郸（第 276 名）。

3.3 生产分指数PEFI总体情况

3.3.1 2016 年生产分指数排名情况

2016 年全国城市生产分指数 PEFI 排名前十位城市由好到差为上海、北京、武汉、深圳、广州、郑州、长沙、成都、无锡、杭州。排名后十位城市由差到好为嘉峪关、黑河、中卫、本溪、鹤岗、伊春、石嘴山、双鸭山、拉萨、吴忠。北京、上海、重庆、天津四个直辖市分别排在全国第 2 位、第 1 位、第 71 位、第 13 位。

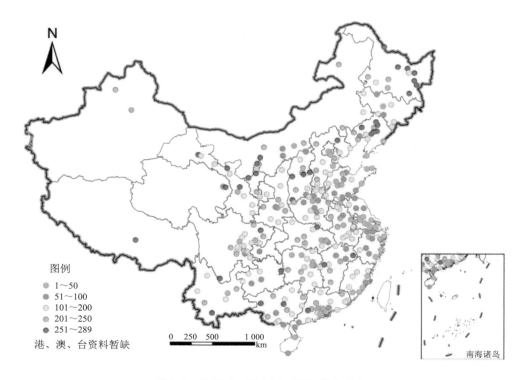

图 3-5 2016 年全国城市 PEFI 排名情况

在 31 个省会城市中，生产分指数 PEFI 排名前五位的城市由好到差分别为上海、北京、武汉、广州、郑州。排名后五位的城市分别为拉萨、银川、南宁、贵阳、重庆。

生产分指数 PEFI 排名的空间分布上看，黑龙江、辽宁、宁夏、甘肃、山西等省份城市的排名较差，而以东南沿海为代表的经济发达地区城市的排名普遍较好。

3.3.2　2015—2016 年生产分指数变化情况

整体来看，城市 PEFI 排名上升的城市数量略大于排名下降的城市数量。其中，超过 3/4 数量的城市排名变化幅度小于 50 名。有个别城市变化幅度超过 100 名（排名上升的有 8 个城市，排名下降的有 2 个城市）。

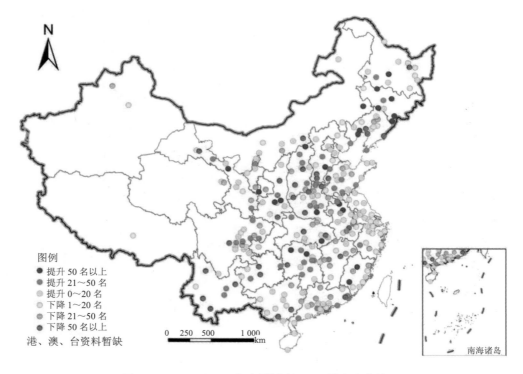

图例

- ● 提升 50 名以上
- ● 提升 21～50 名
- ● 提升 0～20 名
- ● 下降 1～20 名
- ● 下降 21～50 名
- ● 下降 50 名以上

港、澳、台资料暂缺

图 3-6　2015—2016 年全国城市 PEFI 排名变化情况

在全国范围内，2015—2016 年，生产分指数排名上升的城市共有 146 个城市，占总数量的 50%，排名上升幅度最大的前十名见表 3-5。

表 3-5　2015—2016 年 PEFI 排名上升幅度前十名

序号	城市代码	名称	2016 年	2015 年	涨幅
1	110000	大同	95	230	↑135
2	520200	张家界	39	173	↑134
3	211400	锦州	56	168	↑112
4	230600	宿州	116	227	↑111
5	220300	四平	166	273	↑107
6	220600	白山	144	251	↑107
7	211400	龙岩	106	210	↑104
8	230600	渭南	158	258	↑100
9	230600	通化	154	251	↑97
10	230600	武威	121	208	↑87

在全国范围内，2015—2016 年，生产分指数排名下降的城市共有 134 个城市，占总数量的 46%，排名下降幅度最大的前十名见表 3-6。

表 3-6　2015—2016 年 PEFI 排名下降幅度前十名

序号	城市代码	名称	2016 年	2015 年	涨幅
1	530700	丽江	194	79	↓115
2	130400	邯郸	191	86	↓105
3	421100	黄冈	235	142	↓93
4	141000	临汾	242	150	↓92
5	411200	三门峡	226	134	↓92
6	211100	盘锦	102	17	↓85
7	303000	曲靖	240	160	↓80
8	361000	上饶	238	158	↓80
9	210600	丹东	202	123	↓79
10	610600	延安	136	57	↓79

在全国范围内，2015—2016 年，有 9 个城市的排名情况无变化。分别为广州（第 5
名）、郑州（第 6 名）、长沙（第 7 名）、青岛（第 11 名）、廊坊（第 12 名）、泰安
（第 50 名）、内江（第 197 名）、云浮（第 261 名）、石嘴山（第 283 名）。

3.4　生活分指数LEFI总体情况

3.4.1　2016 年生活分指数排名情况

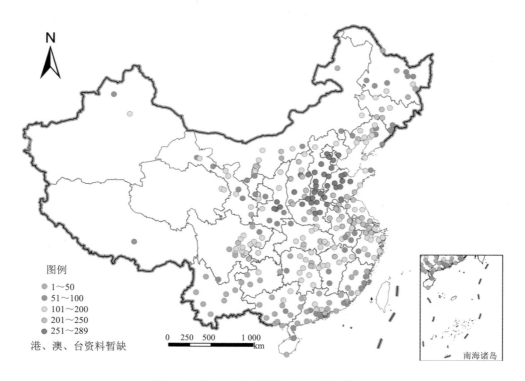

图例
- 1～50
- 51～100
- 101～200
- 201～250
- 251～289

港、澳、台资料暂缺

0　250　500　　1 000
km

南海诸岛

图 3-7　2016 年全国城市 LEFI 排名情况

2016 年全国城市生活分指数 LEFI 排名前十位城市由好到差为鄂尔多斯、莱
芜、黑河、金昌、晋中、北京、日照、衢州、太原、黄山。排名后十位城市由差
到好为雅安、陇南、揭阳、阳泉、滨州、呼伦贝尔、漳州、葫芦岛、定西、佳木
斯。北京、上海、重庆、天津四个直辖市分别排在全国第 6 位、第 210 位、第 181
位、第 251 位。

在 31 个省会城市中,生活分指数 LEFI 排名前五位的城市由好到差分别为北京、太原、济南、南京、石家庄。排名后五位的城市分别为兰州、天津、南宁、贵阳、重庆。

生活分指数 LEFI 排名的空间分布上看,东北三省、陕甘宁、四川、两广等地区的城市排名较差,而山东、安徽、河北等地区的城市排名相对较好。

3.4.2 2015—2016 年生活分指数变化情况

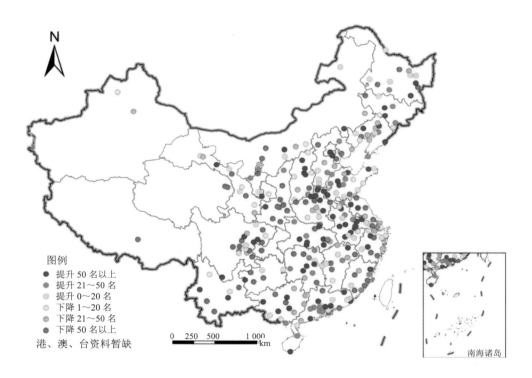

图 3-8 2015—2016 年全国城市 LEFI 排名变化情况

整体来看,生活分指数(LEFI)排名上升的城市数量略大于排名下降的城市。值得关注的是,变化幅度相对于其他分指数来说较大。排名上升的城市中,变化幅度大于 100 名的占 19%;排名下降的城市中,变化幅度大于 100 名的城市数量占 25%。

在全国范围内,2015—2016 年,生活分指数排名上升的城市共有 146 个城市,占总数量的 50%,排名上升幅度最大的前十名见表 3-7。

表 3-7　2015—2016 年 LEFI 排名上升幅度前十名

序号	城市代码	名称	2016 年	2015 年	涨幅
1	431300	娄底	41	241	↑200
2	450200	柳州	87	286	↑199
3	421000	荆州	77	274	↑197
4	370600	烟台	93	282	↑189
5	610300	宝鸡	10	198	↑188
6	321300	宿迁	87	271	↑184
7	131000	廊坊	55	235	↑180
8	210600	丹东	80	248	↑168
9	620700	张掖	80	240	↑160
10	441900	东莞	90	237	↑147

在全国范围内，2015—2016 年，生活分指数排名下降的城市共有 139 个城市，占总数量的 48%，排名下降幅度最大的前十名见表 3-8。

表 3-8　2015—2016 年 LEFI 排名下降幅度前十名

序号	城市代码	名称	2016 年	2015 年	降幅
1	361100	抚州	258	51	↓207
2	610600	延安	240	33	↓207
3	511800	雅安	289	86	↓203
4	360500	新余	218	27	↓191
5	511600	广安	200	18	↓182
6	230700	伊春	264	86	↓178
7	320900	盐城	245	70	↓175
8	530300	曲靖	180	7	↓173
9	610100	西安	210	40	↓170
10	520400	安顺	244	78	↓166

在全国范围内，2015—2016 年，有 4 个城市的排名情况无变化。分别为鄂尔多斯（第 1 名）、衢州（第 8 名）、黄山（第 10 名）、绥化（第 278 名）。

第4章

地理区域尺度分析

4.1　地理区域划分

为了进一步分析全国城市环境友好情况以及其地域性特征对城市生态环境友好指数的影响,将全国城市按地理位置划分为 7 大地理区域,分别为:东北地区、华北地区、华东地区、华中区域、华南地区、西南地区和西北地区,见表 4-1。

表 4-1　参评城市地理区域划分

区域	省份	城市代码	城市名称	区域	省份	城市代码	城市名称
东北	黑龙江	230100	哈尔滨	东北	辽宁	210100	沈阳
		230200	齐齐哈尔			210200	大连
		230300	鸡西			210300	鞍山
		230400	鹤岗			210400	抚顺
		230500	双鸭山			210500	本溪
		230600	大庆			210600	丹东
		230700	伊春			210700	锦州
		230800	佳木斯			210800	营口
		230900	七台河			210900	阜新
		231000	牡丹江			211000	辽阳
		231100	黑河			211100	盘锦
		231200	绥化			211200	铁岭
	吉林	220100	长春			211300	朝阳
		220200	吉林			211400	葫芦岛
		220300	四平	华北	北京	110000	北京
		220400	辽源		天津	120000	天津
		220500	通化		河北	130100	石家庄
		220600	白山			130200	唐山
		220700	松原			130300	秦皇岛
		220800	白城			130400	邯郸

区域	省份	城市代码	城市名称	区域	省份	城市代码	城市名称
华北	河北	130500	邢台	华中	湖南	430100	长沙
		130600	保定			430200	株洲
		130700	张家口			430300	湘潭
		130800	承德			430400	衡阳
		130900	沧州			430500	邵阳
		131000	廊坊			430600	岳阳
		131100	衡水			430700	常德
	内蒙古	150100	呼和浩特			430800	张家界
		150200	包头			430900	益阳
		150300	乌海			431000	郴州
		150400	赤峰			431100	永州
		150500	通辽			431200	怀化
		150600	鄂尔多斯			431300	娄底
		150700	呼伦贝尔		河南	410100	郑州
		150800	巴彦淖尔			410200	开封
		150900	乌兰察布			410300	洛阳
	山西	140100	太原			410400	平顶山
		140200	大同			410500	安阳
		140300	阳泉			410600	鹤壁
		140400	长治			410700	新乡
		140500	晋城			410800	焦作
		140600	朔州			410900	濮阳
		140700	晋中			411000	许昌
		140800	运城			411100	漯河
		140900	忻州			411200	三门峡
		141000	临汾			411300	南阳
		141100	吕梁			411400	商丘

区域	省份	城市代码	城市名称	区域	省份	城市代码	城市名称
华中	河南	411500	信阳	华南	广东	441600	河源
		411600	周口			441700	阳江
		411700	驻马店			441800	清远
	湖北	420100	武汉			441900	东莞
		420200	黄石			442000	中山
		420300	十堰			445100	潮州
		420500	宜昌			445200	揭阳
		420600	襄阳			445300	云浮
		420700	鄂州		海南	460100	海口
		420800	荆门			460200	三亚
		420900	孝感		广西	450100	南宁
		421000	荆州			450200	柳州
		421100	黄冈			450300	桂林
		421200	咸宁			450400	梧州
		421300	随州			450500	北海
华南	广东	440100	广州			450600	防城港
		440200	韶关			450700	钦州
		440300	深圳			450800	贵港
		440400	珠海			450900	玉林
		440500	汕头			451000	百色
		440600	佛山			451100	贺州
		440700	江门			451200	河池
		440800	湛江			451300	来宾
		440900	茂名			451400	崇左
		441200	肇庆	华东	上海	310000	上海
		441300	惠州		江苏	320100	南京
		441400	梅州			320200	无锡
		441500	汕尾			320300	徐州

区域	省份	城市代码	城市名称	区域	省份	城市代码	城市名称
华东	江苏	320400	常州	华东	安徽	340800	安庆
		320500	苏州			341000	黄山
		320600	南通			341100	滁州
		320700	连云港			341200	阜阳
		320800	淮安			341300	宿州
		320900	盐城			341500	六安
		321000	扬州			341600	亳州
		321100	镇江			341700	池州
		321200	泰州			341800	宣城
		321300	宿迁		福建	350100	福州
	浙江	330100	杭州			350200	厦门
		330200	宁波			350300	莆田
		330300	温州			350400	三明
		330400	嘉兴			350500	泉州
		330500	湖州			350600	漳州
		330600	绍兴			350700	南平
		330700	金华			350800	龙岩
		330800	衢州			350900	宁德
		330900	舟山		江西	360100	南昌
		331000	台州			360200	景德镇
		331100	丽水			360300	萍乡
	安徽	340100	合肥			360400	九江
		340200	芜湖			360500	新余
		340300	蚌埠			360600	鹰潭
		340400	淮南			360700	赣州
		340500	马鞍山			360800	吉安
		340600	淮北			360900	宜春
		340700	铜陵			361000	上饶

区域	省份	城市代码	城市名称	区域	省份	城市代码	城市名称
华东	江西	361100	抚州	西南	四川	511000	内江
		370100	济南			511100	乐山
	山东	370200	青岛			511300	南充
		370300	淄博			511400	眉山
		370400	枣庄			511500	宜宾
		370500	东营			511600	广安
		370600	烟台			511700	达州
		370700	潍坊			511800	雅安
		370800	济宁			511900	巴中
		370900	泰安			512000	资阳
		371000	威海		贵州	520100	贵阳
		371100	日照			520200	六盘水
		371200	莱芜			520300	遵义
		371300	临沂			520400	安顺
		371400	德州			520500	毕节
		371500	聊城			520600	铜仁
		371600	滨州		云南	530100	昆明
		371700	菏泽			530300	曲靖
西南	重庆	500000	重庆			530400	玉溪
	四川	510100	成都			530500	保山
		510300	自贡			530600	昭通
		510400	攀枝花			530700	丽江
		510500	泸州			530800	普洱
		510600	德阳			530900	临沧
		510700	绵阳		西藏	540100	拉萨
		510800	广元	西北	陕西	610100	西安
		510900	遂宁			610200	铜川

区域	省份	城市代码	城市名称	区域	省份	城市代码	城市名称
西北	陕西	610300	宝鸡	西北	甘肃	620900	酒泉
		610400	咸阳			621000	庆阳
		610500	渭南			621100	定西
		610600	延安			621200	陇南
		610700	汉中		青海	630100	西宁
		610800	榆林			632100	海东
		610900	安康		宁夏	640100	银川
		611000	商洛			640200	石嘴山
	甘肃	620100	兰州			640300	吴忠
		620200	嘉峪关			640400	固原
		620300	金昌			640500	中卫
		620400	白银		新疆	650100	乌鲁木齐
		620500	天水			650200	克拉玛依
		620600	武威				
		620700	张掖				
		620800	平凉				

4.2 七大地理区域的城市划分及地理特征

（1）东北区域：包括黑龙江省、吉林省、辽宁省共 3 个省级行政单位。东北区域自南向北跨中温带与寒温带，属温带季风气候，四季分明，夏季温热多雨，冬季寒冷干燥。自东南而西北，年降水量自 1 000 mm 降至 300 mm 以下，从湿润区、半湿润区过渡到半干旱区。东北区域森林覆盖率高，可拉长冰雪消融时间，且森林贮雪有助于发展农业及林业。

（2）华北区域：华北区域指位于中国北部的区域。一般指秦岭—淮河线以北，包括北京市、天津市、河北省、山西省和内蒙古自治区共 5 个省级行政单位。华北区域主要为温带季风气候。

（3）华东区域：华东区域位于中国东部，自北向南包括山东省、江苏省、安徽省、上海市、浙江省、江西省、福建省和台湾地区，华东区域属亚热带湿润性季风气候和温带季风气候，气候以淮河为分界线，淮河以北为温带季风气候，以南为亚热带季风气候，中部及北部属亚热带季风气候，南部属热带季风气候。

（4）华中区域：包括河南省、湖北省、湖南省共 3 个省级行政单位。华中区域的地形地貌以岗地、平原、丘陵、盆地、山地为主，主要山脉有嵩山、桐柏山、武当山、衡山等。其中平原和盆地、山区丘陵面积分别占河南省总面积的 55.7%、44.3%；山地、丘陵和岗地、平原湖区分别占湖北省总面积的 56%、24%、20%；山地、丘陵和岗地、平原、水面面积分别占湖南省总面积的 51.2%、29.3%、13.1%、6.4%。气候环境为温带季风气候和亚热带季风气候。

（5）华南区域：华南区域包括广东省、广西壮族自治区、海南省共 3 个省级行政单位。华南区域位于中国最南部。为四季常绿的热带—亚热南带区域。

（6）西南区域：包括四川省、贵州省、云南省、西藏自治区、重庆市等 5 个省级行政单位。与地形区域相对应，西南区域的气候也主要分为三类：该区气候类型由温暖湿润的海洋气候到四季如春的高原季风气候，再到亚热带高原季风湿润气候以及青藏高原独特的高原气候，形成了独特的植被分布格局。

（7）西北区域：西北区域包括陕西省、甘肃省、青海省、宁夏回族自治区、新疆维吾尔自治区共 5 个省级行政单位。西北区域深居内陆，距海遥远，再加上高原、山地地形较高对湿润气流的阻挡，导致本区降水稀少，气候干旱，形成沙漠广袤和戈壁沙滩的景观。西北区域大部属中温带和暖温带大陆性气候，局部属于高寒气候。

4.3　2016年各地理区域城市排名分布情况

将城市排名划分为 3 个区间段，分别为排名在 0～100 名；100～200 名；200～289 名，按照地理区域划分进行对比分析。2016 年，城市生态环境友好指数、生态分指数、生产分指数、生活分指数在各排名位数区间段内的城市数比例如图 4-1～图 4-4 所示。

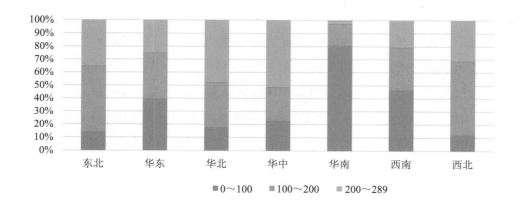

图 4-1　七大地理区域 UEFI 排名分布情况

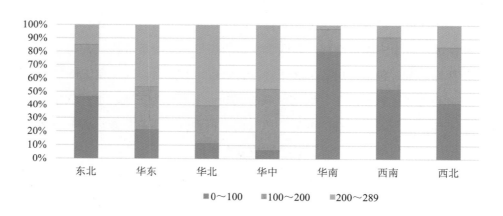

图 4-2　七大地理区域 EEFI 排名分布情况

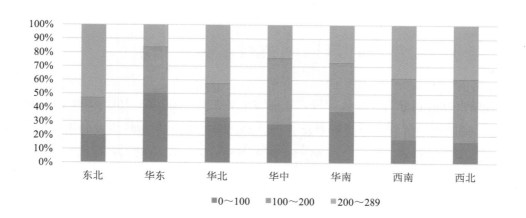

图 4-3　七大地理区域 PEFI 排名分布情况

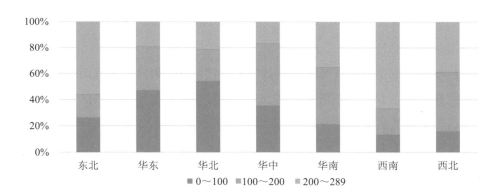

图 4-4　七大地理区域 LEFI 排名分布情况

　　华南区域的地形条件良好和具备沿海经济发展的优越条件，华南区域生态分指数排名远远领先于其他各区域，生态分指数所占的权重也是最大的（40%），其他两项分指数排名也为前列，所以奠定了华南区域城市生态环境友好指数排名的领先地位。

　　西北区域是 7 个地理区域中综合排名最差的区域，城市生态环境友好指数排名位于 100 名之后的城市数量占该区域城市总数量的 87%。西北区域地形条件相对恶劣，深居内陆且经济发展滞缓，气候条件也并不利于经济农作物的生长。从三项分指数排名分布情况来看，西北区域生产分指数及生活分指数排名位于 100 位之后的城市数量均超过了该区域城市总数量的 80%，生态分指数相比其他两项分指数排名相对较好，分布在全国前 100 位、100～200 位、200 位以后的城市数量比例分别为 42%、42%、16%。

　　华北区域的城市生态环境友好指数排名情况也并不乐观，排名在第 200 位之后的城市数量占 53%，其中，生态分指数排名情况为 7 大地理区域中最差，排名位于 200 位之后的城市数量占 61%，生产分指数排名在 100 位以后的城市数量占总数量的 67%，华北区域整体排名情况最好的是生活分指数，超过 50% 的城市排在了全国前 100 位。

　　东北区域虽然城市生态环境友好指数排名在前 100 位的城市比例小于华北区域，但是整体综合排名情况好于华北区域。在东北区域，三项分指数中，最好的是生态分指数。

　　华中区域虽然城市生态环境友好指数排名情况良好，但是值得关注的是该区域 2016 年的生态分指数排名情况为 7 大区域中最差，超过 90% 的城市排名在 100 位以后，该区域应更加注重城市及周边的环境空气质量、地表水水质、酸雨状况、生态环境状况的改善与提高。

西南区域城市生态环境友好指数排名情况相对较好，但是生活分指数排名情况却为最差的区域，超过 60% 的城市数量位于全国排名 200 位之后，西南区域应更注重城市居民生活密切相关的饮用水安全、污水垃圾处理、城市绿化、环境噪声等环境问题。

华东区域城市生态环境友好指数排名情况良好，超过 70% 的城市排在了全国前 200 位，其他三项分指数排名情况分布也比较平均，综合情况较好。七大地理区域各项指数的排名情况如表 4-2 所示。

表 4-2　七大地理区域各项指数排名情况

序号	UEFI	EEFI	PEFI	LEFI
1	华南	华南	华东	华北
2	西南	西南	华南	华东
3	华东	东北	华中	华中
4	西北	西北	华北	华南
5	东北	华东	西南	西北
6	华中	华中	西北	东北
7	华北	华北	东北	西南

4.4　2015—2016年各地理区域城市排名分布变化情况

4.4.1　东北区域

2015—2016 年，东北区域城市生态环境友好指数 UEFI、生态分指数 EEFI、生产分指数 PEFI、生活分指数 LEFI 排名变化情况如图 4-5～图 4-8 所示。

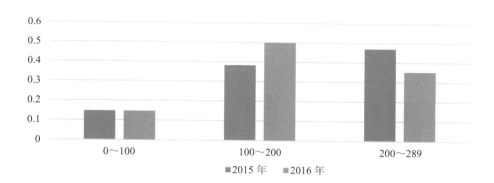

图 4-5　东北区域 UEFI 排名变化

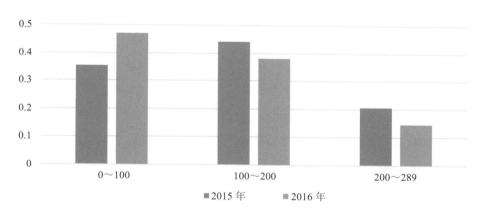

图 4-6　东北区域 EEFI 排名变化

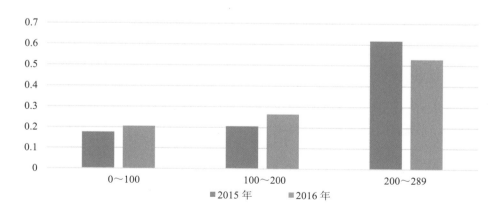

图 4-7　东北区域 PEFI 排名变化

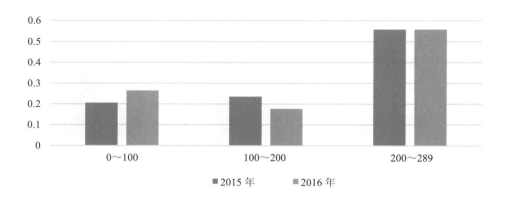

图 4-8　东北区域 LEFI 排名变化

从城市生态环境友好指数看，东北区域 2015—2016 年城市生态环境友好指数排名比例变化不大，呈小幅度变好趋势。位于前 100 位的城市数量比例保持不变，位于200 位以后的城市数量减少，补充在了排名 100～200 位的区间。其主要原因从三项分指数的变化情况来进行说明。东北区域权重比例最大的生态分指数在 2015—2016年改善情况较明显，排名位于 100～200 位区间段及排名在 200 位以后的比例均下降，排名位于前 100 位的城市数量比例显著增加，增加了 12%；生产分指数也有小幅转好，排名在 200 位之后的城市数量比例下降，排名位数在 100 位之前和在 100～200位的城市数量比例均小幅上升；生活分指数也呈小幅改善趋势，虽然排名在 200 位以后的城市数量比例保持不变，但排名位数在 100～200 位的比例小幅下降，使排名位数在全国前 100 位的城市数量比例小幅上升。东北区域应该继续保持对生态环境的改善，同时也应加大对生产环境和生活环境的关注。东北区域最明显的问题是产业结构及能源结构较为落后，应着重进行产业结构转型，从而改善生产环境状况。同时也应该关注与城市居民生活密切相关的饮用水安全、污水垃圾处理、城市绿化、环境噪声等环境问题，从而进一步改善生活环境状况。

4.4.2　华东区域

2015—2016 年，华东区域城市生态环境友好指数 UEFI、生态分指数 EEFI、生产分指数 PEFI、生活分指数 LEFI 排名变化情况如图 4-9～图 4-12 所示。

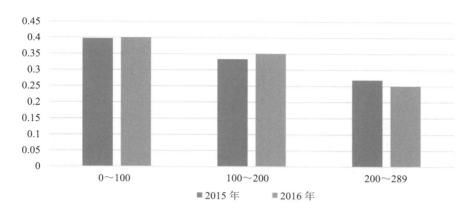

图 4-9　华东区域 UEFI 排名变化

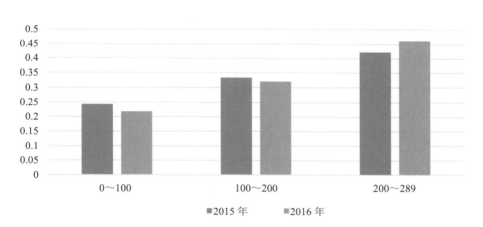

图 4-10　华东区域 EEFI 排名变化

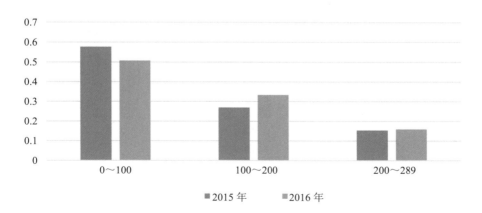

图 4-11　华东区域 PEFI 排名变化

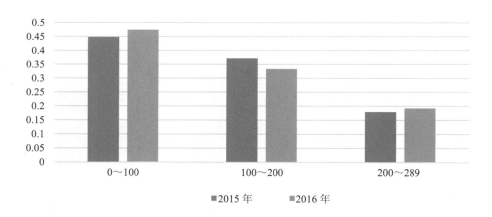

图 4-12　华东区域 LEFI 排名变化

从城市生态环境友好指数看，华东区域 2015—2016 年城市生态环境友好指数排名比例保持稳定，分布在各区间段内的城市数量比例均无明显变化。从三项分指数的变化情况来看，华东区域三项分指数在各区间内的城市数量比例均无明显变化，小幅波动均在 5%以内。综上，华东区域整体城市环境友好情况 2015—2016 年变化较小，基本保持稳定。华东区域应继续保持在稳中有升，整体提高城市生态环境友好指数。

4.4.3　华北区域

2015—2016 年，华北区域城市生态环境友好指数 UEFI、生态分指数 EEFI、生产分指数 PEFI、生活分指数 LEFI 排名变化情况如图 4-13～图 4-16 所示。

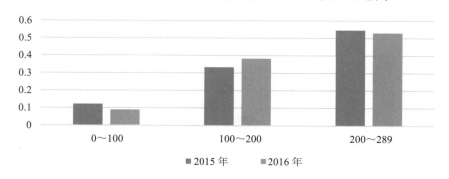

图 4-13　华北区域 UEFI 排名变化

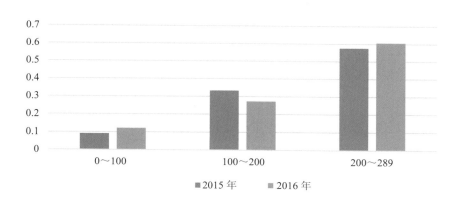

图 4-14   华北区域 EEFI 排名变化

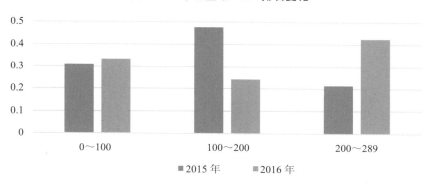

图 4-15   华北区域 PEFI 排名变化

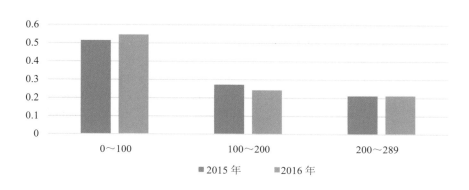

图 4-16   华北区域 LEFI 排名变化

从环境友好总指数看，华北区域 2015—2016 年城市生态环境友好指数排名比例变化不大，保持着较好的稳定性。其主要原因从三项分指数的变化情况来进行说明。华北区域权重比例最大的生态分指数、生活分指数均无明显变化，城市数量比例在各个区间段内保持稳定。而生产分指数有明显的变化情况，在 100～200 区间内的城市数量比例明显减少，主要增加到了排名在 200 位以后的区间内，这种生产环境恶化的趋势应当引起关注。综上，华北区域应着重关注生产环境，关注各项产业的结构问题以及能源消耗问题，注重产业投入与产出比，应进一步找到生产环境恶化的根本原因，从而进行整改与提高。

4.4.4　华中区域

2015—2016 年，华中区域城市生态环境友好指数 UEFI、生态分指数 EEFI、生产分指数 PEFI、生活分指数 LEFI 排名变化情况如图 4-17～图 4-20 所示。

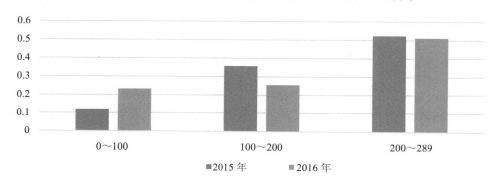

图 4-17　华中区域 UEFI 排名变化

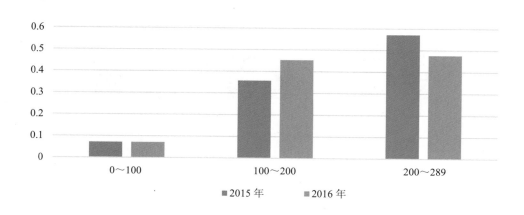

图 4-18　华中区域 EEFI 排名变化

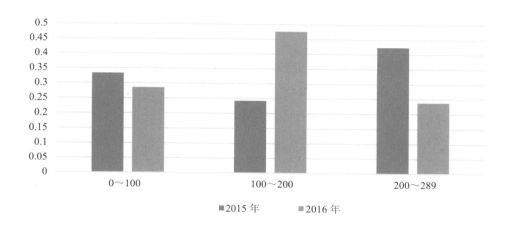

图 4-19　华中区域 PEFI 排名变化

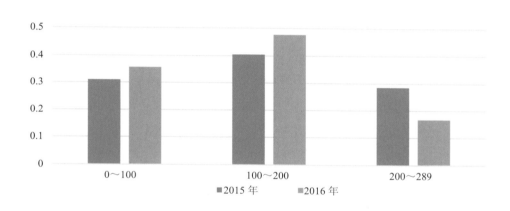

图 4-20　华中区域 LEFI 排名变化

　　华中区域 2015—2016 年城市生态环境友好指数排名比例情况呈转好趋势，平均排名从 185 位提升到 178 名，主要体现在排名 100～200 的区间内的城市数量减少，增加到了排名位于前 100 位的区间。主要原因从三项分指数的变化情况来进行说明。华中区域权重比例最大的生态分指数小幅度提升，排名在 200 位以后的城市数量比例减小，大部分增加在了排名在 100～200 位的区间段。生产分指数及生活分指数均为排名在 200 位以后的城市数量比例大幅减少，排名在 100～200 位区间段的比例增加。华中区域整体生产环境和生活环境有了较为明显的改善。

4.4.5 华南区域

2015—2016 年，华南区域城市生态环境友好指数 UEFI、生态分指数 EEFI、生产分指数 PEFI、生活分指数 LEFI 排名变化情况如图 4-21～图 4-24 所示。

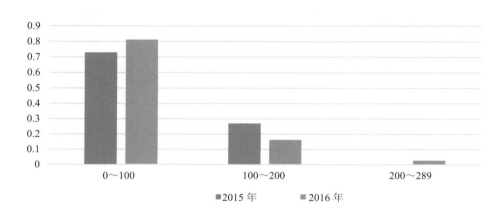

图 4-21 华南区域 UEFI 排名变化

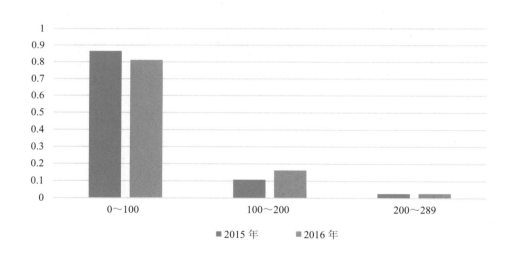

图 4-22 华南区域 EEFI 排名变化

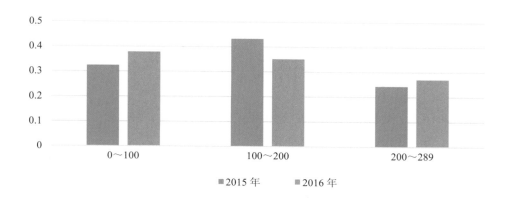

图 4-23　华南区域 PEFI 排名变化

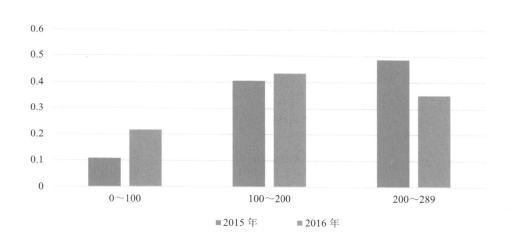

图 4-24　华南区域 LEFI 排名变化

从城市生态环境友好指数看，华南区域连续两年一直都处于 7 大区域中首位。从 2015—2016 年的变化来看，排名情况小幅度上升。2015 年华南区域城市平均排名为第 75 位，2016 年为第 62 位，但是在 2016 年华南区域出现了唯一一个排名位于 200 位以后的城市——揭阳，需要引起足够的重视。从三项分指数来看，生态分指数排名在前 100 位的城市数量比例小幅上升，且排名在前 100 位的城市连续两年均超过区域城市总数量的 80%。华南区域的生产分指数和生活分指数的排名比例分布情况不如该区域的生态分指数，尤其是生活分指数，连续两年排名在 200 位以后的城市数量比例超过了 30%，但 2016 年小于 2015 年，故可见华南区域整体生活环境正逐步改善。综上，华南区域虽然城市生态环境友好指数情况稳居 7 大地理区域之首，但是生产环境和生活环境需要引起重视。

4.4.6　西南区域

2015—2016 年，西南区域城市生态环境友好指数 UEFI、生态分指数 EEFI、生产分指数 PEFI、生活分指数 LEFI 排名变化情况如图 4-25～图 4-28 所示。

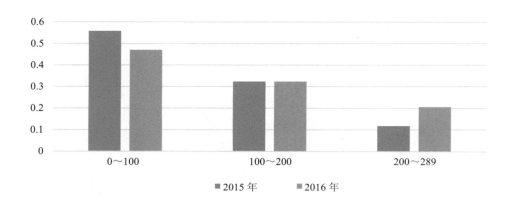

图 4-25　西南区域 UEFI 排名变化

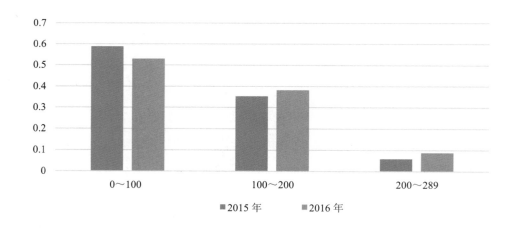

图 4-26　西南区域 EEFI 排名变化

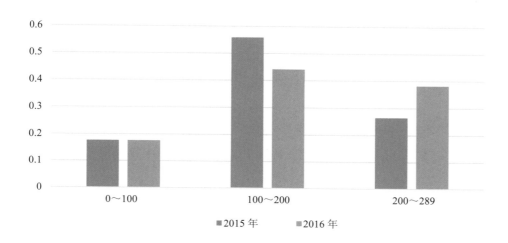

图 4-27 西南区域 PEFI 排名变化

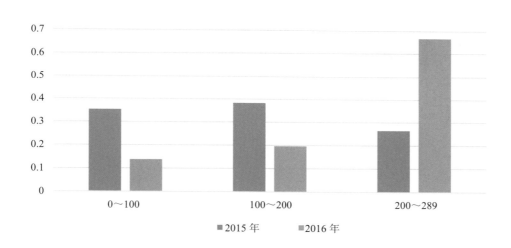

图 4-28 西南区域 LEFI 排名变化

从城市生态环境友好指数看，西南区域平均排名下降，从 2015 年的平均 98 名下降到平均 121 名，具体来说排名在 0～100 名的城市数量比例下降，排名 200 位后的城市数量比例有显著上升。从三项分指数来分析变化原因，生态分指数分布在前 100 位城市数量比例下降，另外两个区间均有所上升，可见生态环境有恶化趋势；生产分指数分布在前 100 位的城市数量比例基本保持不变，而分布在 100～200 位区间的比例下降，故排名在 200 位以后的比例上升，生产环境呈恶化趋势；生活分指数则有小幅改善，排名在 200 位以后的城市数量比例有所下降。综上，西南区域应着重改善生态环

境和生产环境,关注城市及周边的环境空气质量、地表水水质、酸雨状况、生态环境
状况以及城市经济发展水平、产业结构、能源结构以及"三废"排放和利用状况等。

4.4.7　西北区域

2015—2016 年,西北区域城市生态环境友好指数 UEFI、生态分指数 EEFI、生产
分指数 PEFI、生活分指数 LEFI 排名变化情况如图 4-29～图 4-32 所示。

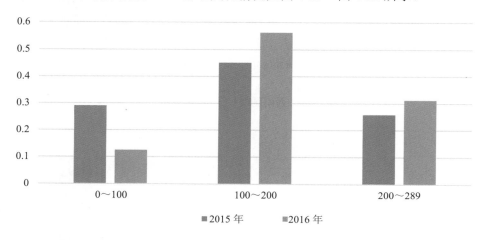

图 4-29　西北区域 UEFI 排名变化

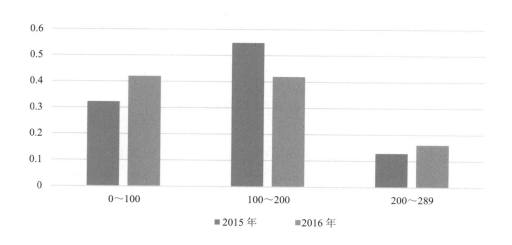

图 4-30　西北区域 EEFI 排名变化

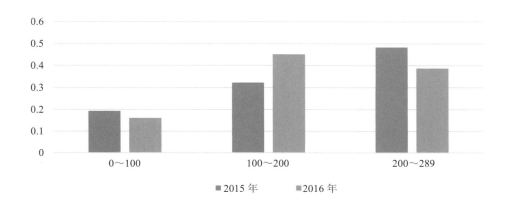

图 4-31　西北区域 PEFI 排名变化

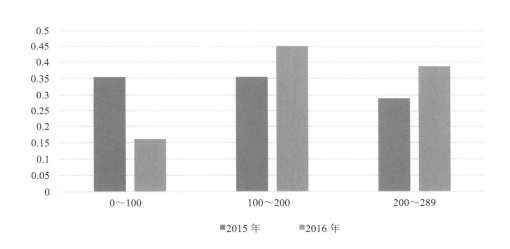

图 4-32　西北区域 LEFI 排名变化

从城市生态环境友好指数看，西北区域平均排名下降，从 2015 年的平均 145 名下降到平均 164 名，具体来说排名在 0～100 名的城市数量比例显著下降，排名在 100～200 位及 200 位以后的城市数量比例均下降。从三项分指数来分析变化原因，西北区域生活分指数排名变化情况最差，排名在前 100 位的城市数量下降近 20%；生产分指数排名情况有小幅下降；唯一情况有所改善的是生态分指数。西北区域自然条件较差，连续两年均为 7 大区域中环境友好情况最差的区域，更应从三项分指数角度入手，加强治理，提高城市生态环境友好程度。

第5章

经济发展区域尺度分析

5.1 经济发展区域划分

按照各城市经济发展情况，将全国 289 个城市划分为四大区域，分别为一二线城市、三线城市、四线城市、五线城市，如表 5-1 所示。

表 5-1 经济区域划分

经济等级	城市代码	城市名称	经济等级	城市代码	城市名称
一二线城市	110000	北京	一二线城市	350200	厦门
	120000	天津		360100	南昌
	130100	石家庄		370100	济南
	130200	唐山		370200	青岛
	140100	太原		370300	淄博
	210100	沈阳		370600	烟台
	210200	大连		410100	郑州
	220100	长春		420100	武汉
	230100	哈尔滨		430100	长沙
	310000	上海		440100	广州
	320100	南京		440300	深圳
	320200	无锡		440600	佛山
	320500	苏州		441900	东莞
	330100	杭州		450100	南宁
	330200	宁波		500000	重庆
	330300	温州		510100	成都
	340100	合肥		530100	昆明
	350100	福州		610100	西安

经济等级	城市代码	城市名称	经济等级	城市代码	城市名称
三线城市	150600	鄂尔多斯	三线城市	220200	吉林
	441300	惠州		510700	绵阳
	460100	海口		620100	兰州
	371000	威海		321200	泰州
	440400	珠海		650100	乌鲁木齐
	350500	泉州		320600	南通
	440900	茂名		150200	包头
	442000	中山		420500	宜昌
	440800	湛江		640100	银川
	520100	贵阳		320900	盐城
	331000	台州		370800	济宁
	450200	柳州		320300	徐州
	330700	金华		420600	襄阳
	430700	常德		370900	泰安
	340200	芜湖		371300	临沂
	230600	大庆		411300	南阳
	321000	扬州		210300	鞍山
	430600	岳阳		410300	洛阳
	440700	江门		131000	廊坊
	320400	常州		330400	嘉兴
	610300	宝鸡		370700	潍坊
	630100	西宁		130900	沧州
	320800	淮安		370500	东营
	330600	绍兴		130400	邯郸

经济等级	城市代码	城市名称	经济等级	城市代码	城市名称
三线城市	371400	德州	四线城市	210500	本溪
	371700	菏泽		210600	丹东
	371500	聊城		210700	锦州
	130600	保定		210800	营口
	371600	滨州		211000	辽阳
	321100	镇江		211100	盘锦
	610800	榆林		211200	铁岭
四线城市	130300	秦皇岛		211300	朝阳
	130500	邢台		220300	四平
	130700	张家口		220500	通化
	130800	承德		220700	松原
	131100	衡水		230200	齐齐哈尔
	140200	大同		231000	牡丹江
	140400	长治		231200	绥化
	140500	晋城		320700	连云港
	140600	朔州		321300	宿迁
	140700	晋中		330500	湖州
	140800	运城		330800	衢州
	141000	临汾		331100	丽水
	141100	吕梁		340300	蚌埠
	150400	赤峰		340500	马鞍山
	150500	通辽		340800	安庆
	150700	呼伦贝尔		341100	滁州
	210400	抚顺		341200	阜阳

经济等级	城市代码	城市名称	经济等级	城市代码	城市名称
四线城市	341300	宿州	四线城市	411600	周口
	341500	六安		411700	驻马店
	350300	莆田		420200	黄石
	350400	三明		420300	十堰
	350700	南平		420800	荆门
	350800	龙岩		420900	孝感
	350900	宁德		421000	荆州
	360400	九江		421100	黄冈
	360700	赣州		430200	株洲
	360800	吉安		430300	湘潭
	360900	宜春		430500	邵阳
	361000	上饶		430900	益阳
	370400	枣庄		431000	郴州
	371100	日照		431100	永州
	410200	开封		431200	怀化
	410400	平顶山		431300	娄底
	410500	安阳		440200	韶关
	410700	新乡		440500	汕头
	410800	焦作		441200	肇庆
	410900	濮阳		441700	阳江
	411000	许昌		441800	清远
	411200	三门峡		445200	揭阳
	411400	商丘		450300	桂林
	411500	信阳		450900	玉林

经济等级	城市代码	城市名称	经济等级	城市代码	城市名称
四线城市	510300	自贡	四线城市	520300	遵义
	510400	攀枝花		520500	毕节
	510500	泸州		530300	曲靖
	510600	德阳		530400	玉溪
	511000	内江		610400	咸阳
	511100	乐山		610500	渭南
	511300	南充		610600	延安
	511500	宜宾		640300	吴忠
	512000	资阳			

注：五线城市未收录。

5.2　2016年各经济等级区域城市情况

将城市排名划分为三个区间段，分别为排名在 0～100 名、100～200 名、200～289
名，按照经济等级区域划分进行对比分析。2016 年，城市生态环境友好指数 UEFI、生
态分指数 EEFI、生产分指数 PEFI、生活分指数 LEFI 在各排名位数区间段内的城市数
比例如图 5-1～图 5-4 所示。

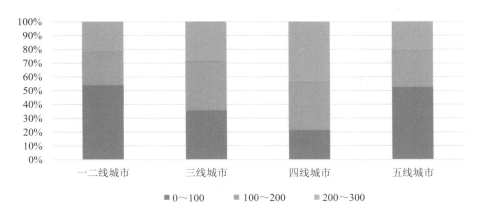

图 5-1　2016 年各区域 UEFI 排名分布

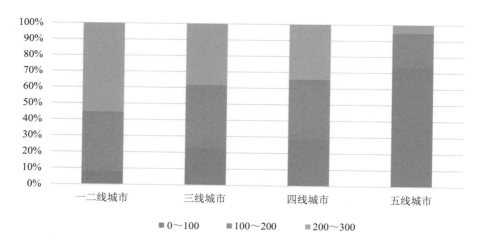

图 5-2　2016 年各区域 EEFI 排名分布

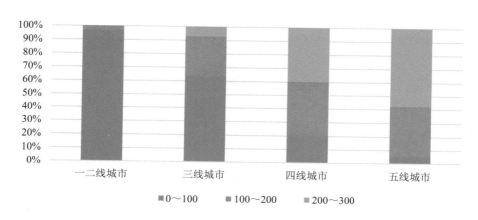

图 5-3　2016 年各区域 PEFI 排名分布

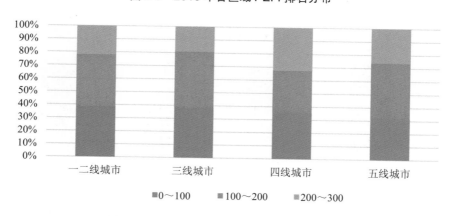

图 5-4　2016 年各区域 LEFI 排名分布

2016 年，因按经济发展因素对全国城市进行划分，故经济发展情况越好的城市，生产分指数也应越好。生产分指数的实际计算值也是从一线城市到五线城市逐层次递减。从城市生态环境友好指数来看，一二线城市和五线城市均排名情况较好，平均排名分别为第 119 位和第 110 位。一二线城市即使生态环境排名情况垫底但是生产环境排名处于绝对领先地位，故城市生态环境友好指数依然排名较好。但是，一二线城市的生态环境的确应该受到更多的关注，城市发展应该是在提高产能的同时注重生态环境的保护，而不应该将产能的提升建立在破坏生态环境的基础上。五线城市生态分指数排名处于第一位，且生态分指数所占权重最大，故五线城市的城市生态环境友好指数位于四大区域之首。同时也应注意到五线城市的生产分指数排名情况最差，五线城市大多处于内陆城市，经济发展速度较慢，故更应关注产业结构的优化以提升产能。三线城市、四线城市的城市生态环境友好指数、生态分指数及生产分指数排名情况比较相似，除由于三线城市较四线城市发达外，故其生产分指数排名情况优于四线城市，以至于三线城市生态环境友好指数平均排名情况好于四线城市。关于生活分指数，四大区域情况基本在各个排名区间的分布较为平均。综上，一二线城市应在保持产能的同时，加大对生态环境的关注，改善生态环境；五线城市应在保持生态环境良好的前提下，优化产业结构，提高经济发展速度，进而提高生产环境友好度。三四线城市应在稳中有升的同时关注三项分指数的关系，不应以为了提高某项分指数而牺牲另一项。

5.3 2015—2016年各区域城市变化情况

根据各项指标数据，利用各区域城市生态环境友好指数平均排名位次代表该区域当年生态环境友好平均水平，进行分析。2015—2016 年各大区域的平均排名如表 5-2 所示。

表 5-2 各区域 2015—2016 年平均排名

年份	一二线城市		三线城市		四线城市		五线城市	
	2015	2016	2015	2016	2015	2016	2015	2016
UEFI	124	111↑	144	142↑	166	168↓	107	119↓
EEFI	196	192↑	173	172↑	151	154↓	74	72↑

	一二线城市		三线城市		四线城市		五线城市	
PEFI	34	31↑	89	89–	171	172↓	202	215↓
LEFI	137	127↑	136	128↑	156	148↑	135	148↓

从表 5-2 中可以看出，2015—2016 年，一线城市无论是城市生态环境友好指数还是生态、生产、生活分指数排名均呈上升趋势，也是唯一一个四项分指数全都上升的区域，且城市生态环境友好指数上升幅度较大，上升了 13 名。也可说明一二线城市对城市生态环境友好水平的改善较为重视，以及各大城市在建设环境友好城市方面的努力，但该区域生态分指数方面平均排名虽然小幅上升了 4 名，但仍然为四大区域垫底，所以一二线城市在保持经济稳定发展的同时，应该更加关注生态环境的治理，提高空气、水环境质量以及增加生态用地的比例是改善生态环境的关键点。

三线城市城市生态环境友好指数排名小幅上升了 2 名。其中，除了生产分指数排名没有变化外，其他分指数排名均上升，且生活分指数排名上升幅度最大，上升了 8 名，生态分指数排名上升 1 名。从分指数排名来看，为了提高城市生态环境友好指数排名，三线城市在生态分指数方面提升空间很大，整体排名还较靠后。且生态分指数也是三项分指数中所占权重最大的分指数指标。

四线城市和五线城市的城市生态环境友好指数排名均呈下降趋势，且五线城市的总指数排名下降幅度较大，下降了 12 名。五线城市虽然生态分指数较高，且其排名有小幅上升，但是生产和生活分指数的排名大幅下降，需要引起足够重视。其中，生产分指数排名连续两年均垫底，生产环境不仅反映的是经济发展的落后，也反映了单位 GDP 各项污染物的排放量较大，故优化产业结构、节约产能、减少废弃污染物的排放，是五线城市应着重改善的关键点。生活环境方面，应注重噪声污染的控制，以提高生活环境友好度。而四线城市整体平均排名小幅下降的主要原因是生态分指数和生产分指数平均排名的下降，虽然下降幅度不大，但是整体排名也非常靠后，应加大改善力度。

第6章

地区、省份分析

本章对城市生态环境友好的分析是基于省级尺度，分析各省域 2016 年城市生态环境友好指数 UEFI、三项分指数：生态分指数 EEFI、生产分指数 PEFI、生活分指数 LEFI 的现状，以及 2015—2016 年各项指数变化的情况及原因。将全国 31 个省（区、市）（港澳台除外）分为京津冀、江浙沪、成渝、青疆藏及其他省份。

6.1　京津冀

6.1.1　2016 年各项指数现状

2016 年京津冀地区各项指数值及排名情况见表 6-1。

表 6-1　2016 年京津冀地区各项指数值及排名情况

城市	UEFI	排名	EEFI	排名	PEFI	排名	LEFI	排名
北京	51.8	39	42.2	258	63.5	2	58.1	6
张家口	49.9	117	53.6	104	48.6	211	50.9	131
秦皇岛	49.7	133	49.6	178	50.9	130	53.5	58
承德	48.4	181	53.7	102	43.6	274	50.7	142
天津	47.2	225	42.9	252	59	13	45.2	251
廊坊	46.6	243	35.7	283	59.1	12	53.6	55
沧州	45.8	258	35.7	283	56.7	22	53.2	65
唐山	45.3	260	40.6	265	49.9	166	51.7	107
邯郸	44.9	267	38.1	276	49.4	191	54.5	33
衡水	43.8	278	35	286	51.2	116	53.1	68
石家庄	43.5	282	30.7	289	54.5	50	54.4	35
保定	43.1	285	37.7	278	51.4	112	46.3	242
邢台	41.1	287	31.5	288	46.7	247	53	70

从图 6-1 可见，2016 年京津冀地区城市生态环境友好指数排名分布情况。北京市排名情况最好，位于全国第 2 位，剩下的城市均排在了全国第 100 位之后，更值得关

注的是，其中超过 50%的城市排在了全国第 250 位之后。因此，京津冀地区城市生态环境友好指数情况不容乐观。造成该结果的原因从分指数及对应三级指标来进行进一步说明。

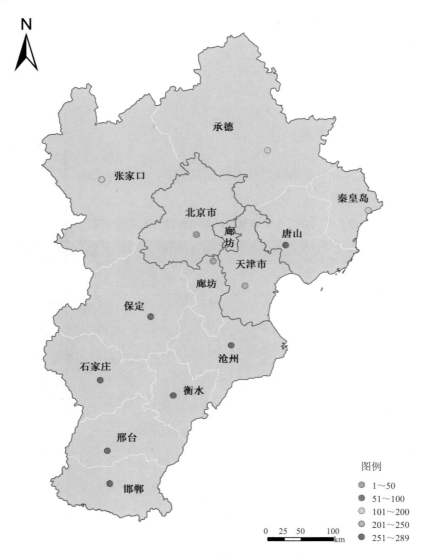

图 6-1　2016 年京津冀地区 UEFI 排名分布

从图 6-2 可见，影响城市生态环境友好指数所占权重最大的生态分指数排名情况。京津冀地区整体排名均在第 100 位之后，仅有张家口、承德、秦皇岛三个城市排名位于 101~200 区间内，其余均在 200 位之后。因此，京津冀地区应对生态环境引起足够的重视，生态环境的重要性不言而喻，既是影响城市生态环境友好指数最重要的因素，也是发展经济、生活的载体，是城市可持续发展的根本所在。从具体三级指标来看，生态用地比例情况最差，生态用地是指森林、草地、沼泽、水域、湿地等生态功能显著的土地利用类型占全市面积的百分比，它在生态环境中起到非常重要的作用。而沧州、廊坊、衡水三个城市生态用地比例不足 10%，也是该地区生态分指数排名情况较差的直接原因。

图 6-2　2016 年京津冀地区 EEFI 排名分布

从图 6-3 可见，2016 年京津冀地区生产分指数分布情况。整体来说，生产分指数排名情况较其他分指数来讲情况较好。只有承德一个城市排在了第 250 位之后，且超过30%的城市排在了全国前 50 位。从三级具体指标来看，京津冀地区单位土地经济产出较高，但是单位 GDP 水耗平均较高，尤其是承德，单位 GDP 水耗超过了 20 t。因此，京津冀地区在保持高产能的同时，应注重资源的消耗问题，以保证城市的可持续发展。

图 6-3 2016 年京津冀地区 PEFI 排名分布

从图 6-4 可见，2016 年京津冀地区生活分指数排名情况。整体来说，生活分指数情况尚可，只有天津市排在了第 251 位之后。从三级指标来看，天津市的建成区绿化率为区域最低，直接导致了生活分指数排名为区域中最差城市。

图例
- ⦿ 1～50
- ⦿ 51～100
- ○ 101～200
- ⦿ 201～250
- ⦿ 251～289

0 25 50   100
km

图 6-4 2016 年京津冀地区 LEFI 排名分布

6.1.2 2015—2016 年京津冀地区总指数及三项分指数变化情况

2015—2016 年京津冀地区总指数及三项分指数排名变化见表 6-2。

表 6-2 2015—2016 年总指数及分指数排名变化

城市	UEFI	EEFI	PEFI	LEFI
北京	104	6	2	−2
廊坊	30	3	0	−43
承德	3	2	−8	124
衡水	3	−7	83	131
保定	3	9	48	−82
邢台	2	1	−72	105
秦皇岛	−1	7	20	92
唐山	−9	0	16	75
邯郸	−10	0	−105	53
石家庄	−11	−1	−3	12
沧州	−43	−3	−9	−52
天津	−51	−2	3	−235
张家口	−63	−19	8	88

图 6-5   2015—2016 年京津冀地区 UEFI 变化情况

　　从图 6-5 可见，2015—2016 年京津冀地区一半的城市生态环境友好指数排名上升，其中北京市排名上升幅度最大，超过了 50 名。在排名下降的城市中，张家口和天津市下降幅度最大，超过了 50 名。

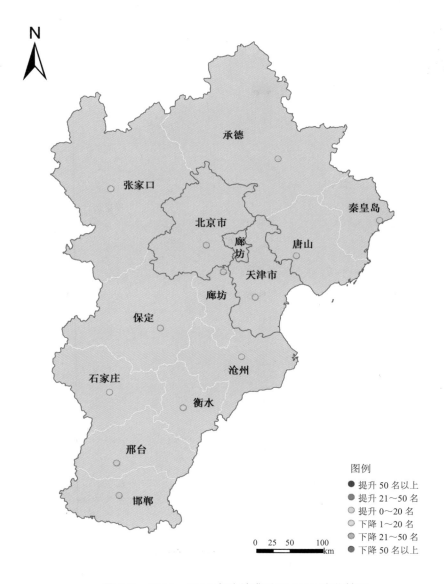

图 6-6　2015—2016 年京津冀地区 EEFI 变化情况

　　从图 6-6 可见，京津冀地区 2015—2016 年生态分指数整体变化不大，上升或下降幅度均在 20 名以内，几乎保持稳定。

图 6-7 2015—2016 年京津冀地区 PEFI 变化情况

从图 6-7 可见,京津冀地区 2015—2016 年生产分指数大多数城市都排名上升,其中衡水市上升位数超过了 50 名,主要原因是衡水市单位废气污染物排放量减少幅度较大,改善了生产环境。同时在小部分的排名下降的城市中,邢台市和邯郸市下降幅度超过了 50 名。

图 6-8　2015—2016 年京津冀地区 LEFI 变化情况

从图 6-8 可见，京津冀地区 2015—2016 年生活分指数的变化情况。超过半数的城市生活分指数排名均下降。其中张家口、天津、唐山下降幅度超过了 50 名，从三级指标分析，主要原因是集中式饮用水水源水质达标率下降，下降幅度将近 5%。但同时，北京市、廊坊市生活分指数排名上升幅度也超过了 50 名。

6.2 江浙沪

6.2.1 2016 年江浙沪地区各项指数现状

2016 年江浙沪地区各项指数值及排名情况见表 6-3。

表 6-3 2016 年江浙沪地区各项指数值及排名情况

城市	UEFI	排名	EEFI	排名	PEFI	排名	LEFI	排名
衢州	52.9	18	55.5	69	50.4	148	57.1	8
舟山	52.1	32	52.4	130	56.1	29	52.6	80
上海	52	34	48.7	188	64.6	1	48.1	210
杭州	52	34	49.9	172	59.4	10	52.1	93
丽水	51.9	36	57.5	38	51.9	100	49	189
台州	51.4	54	51.5	146	54.7	46	52.6	80
金华	51	65	50.7	161	53.7	61	53.5	58
南京	50.7	80	46.5	220	57.1	19	54.8	29
温州	50.6	82	52.1	139	54.8	43	48.9	190
扬州	50.5	88	47.1	210	55.9	30	54.5	33
常州	50.4	95	46.7	217	57.9	17	52.7	77
宁波	50.4	95	49.6	178	55.6	32	50.9	131
镇江	50	112	47.9	199	55.8	31	51.6	114
淮安	49.8	125	48.2	189	53.1	69	53.6	55
绍兴	49.5	137	49.5	180	53.6	65	49.9	168
无锡	49.3	145	46.3	224	59.5	9	47.3	224
泰州	49.3	145	46.6	218	56.3	27	50.4	151
苏州	49.2	150	47.6	201	56.8	21	48.2	205
南通	49.2	150	47.5	202	55.1	39	50	165
湖州	49.2	150	44.8	234	53.7	61	55.5	18
宿迁	48.5	175	47.3	205	51.1	121	52.4	87
盐城	48.3	190	49.2	184	53.5	66	46	245
徐州	47.9	195	43.9	243	54.8	43	50.8	136
连云港	47.3	220	46.8	214	52.6	86	47	230
嘉兴	46.4	249	46.5	220	53.7	61	42.8	266

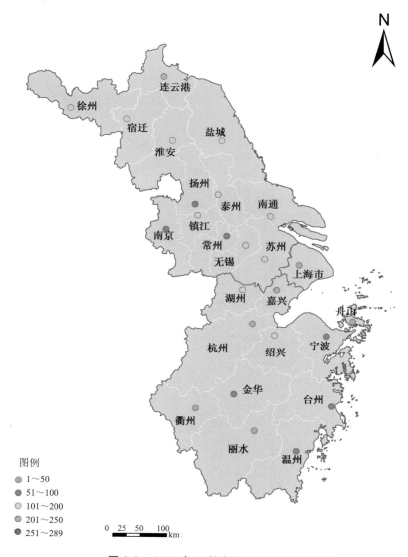

图 6-9 2016 年江浙沪地区 UEFI 排名分布

从图 6-9 可见，2016 年江浙沪地区城市生态环境友好指数排名分布情况。整体来看，江浙沪地区城市生态环境友好情况尚可，除嘉兴和连云港两市排名位于 200 位之后外。其中，衢州总指数排名情况最好，位于全国第 18 位，近半数该区域的城市排在了全国前 100 位。从三项分指数来具体说明江浙沪地区城市生态环境友好情况。

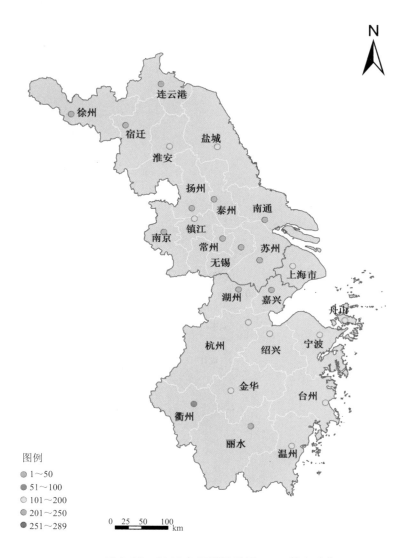

图 6-10　2016 年江浙沪地区 EEFI 排名分布

　　从图 6-10 可见，影响城市生态环境友好指数所占权重最大的生态分指数排名情况。除衢州和丽水生态分指数排名在前 50 位外，其余城市均排在了 100 位之后，虽然江浙沪地区城市生态分指数排名没有排在 200 位以后的城市，但是在整体排名靠后的江浙沪地区，需要加大治理和改善力度。从三级具体指标来看，空气质量达标天数比例平均较低，空气质量达标天数比例（%）=空气质量达标天数/全年监测总天数×100%。该项指标直接影响了该区域的生态分指数的排名情况，尤其江苏省，江苏省各市的该项指标值

均低于 50%，该省的空气质量情况应该引起足够的重视。同时，江苏省超过半数城市的
酸雨频率高达 50%以上，酸雨频率（%）=全年酸雨次数/全年降水次数×100%。因此，
相关部门也应及时采取相应措施，降低酸雨频率，从而改善该区域生态环境。

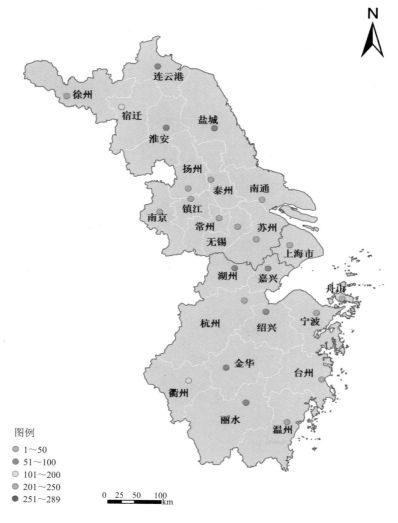

图 6-11　2016 年江浙沪地区 PEFI 排名分布

从图 6-11 可见，2016 年江浙沪地区生产分指数分布情况。整体来说，该项分指数
排名情况在全国处于领先区域。超过半数城市排了全国前 50 位，上海市排在第一位。
同时江浙沪地区仅有宿迁和衢州两个城市排名在 100 位之后。由此可见，江浙沪地区的
生产环境现状较好。从三级具体指标来看，单位土地经济产出较高，尤其无锡市，单位

土地经济产出高达 71 万元/km²。但也应注意到，江浙沪地区废气污染物排放量较高，该区域所有城市废气污染物排放量均在 50 t/万元以上。在保持高产能的同时，应该采取科学先进的生产方法，控制废气污染物的排放量，否则，不仅生产分指数会下降，生态、生活分指数也会受到影响。

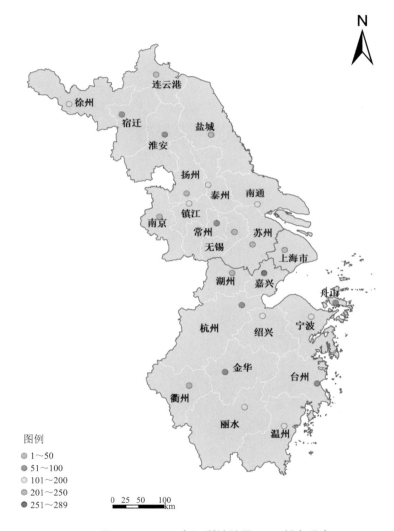

图 6-12　2016 年江浙沪地区 LEFI 排名分布

从图 6-12 可见，2016 年江浙沪地区生活分指数排名情况。整体来说，仅有嘉兴市排在了第 250 位之后，其余城市分布在各个排名区间的数量比例比较平均。从三级指标具体分析，有几个需要特殊关注的值。该区域多个城市生活污水集中处理率较低，尤其连云港市和盐城市，分别为 20% 和 27%，这也是导致这两个城市的生活分指数排名位于 200 位之后的主要原因。嘉兴市的水源地水质达标率仅为 14.5%，为全国范围内最低。综上，这些指标特殊的城市应更加关注这些指标的情况，找到问题病灶，从而提高该区域的生活分指数，进而提高城市生态环境友好指数。

6.2.2　2015—2016 年江浙沪地区总指数及三项分指数变化情况

2015—2016 年江浙沪地区各城市总指数及三项分指数排名变化情况如表 6-4 所示。

表 6-4　2015—2016 年江浙沪地区各城市总指数及三项分指数排名变化情况

城市	UEFI	EEFI	PEFI	LEFI
上海	95	40	2	48
南京	29	−4	3	96
无锡	3	1	−1	18
徐州	−4	−2	4	20
常州	26	19	5	−17
苏州	−41	24	−1	−110
南通	−14	26	−2	−85
连云港	−36	−3	10	−52
淮安	−1	−8	−6	70
盐城	−73	−4	13	−175
扬州	21	10	1	38
镇江	66	33	2	72
泰州	−21	−10	12	−38
宿迁	74	7	−13	184
杭州	39	13	3	89
宁波	−25	−5	−8	1
温州	−32	6	−6	−133
嘉兴	−6	29	−5	−29
湖州	−2	9	2	−2
绍兴	−36	20	−6	−132
金华	78	33	−6	116
衢州	34	33	42	0
舟山	−1	−17	−4	15
台州	−10	−10	−7	−40
丽水	−26	11	−34	−158

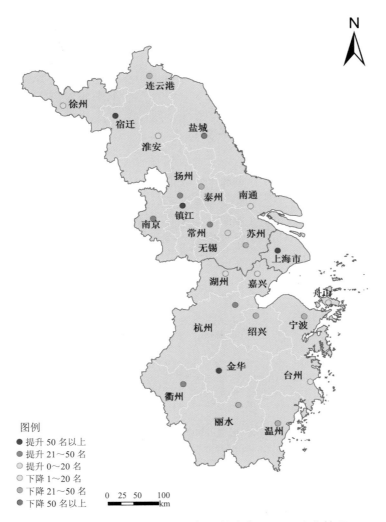

N

图例
● 提升 50 名以上
● 提升 21～50 名
○ 提升 0～20 名
○ 下降 1～20 名
● 下降 21～50 名
● 下降 50 名以上

0 25 50   100
━━━━━━━━ km

图 6-13　2015—2016 年江浙沪地区 UEFI 变化情况

　　从图 6-13 可见，2015—2016 年江浙沪地区除了盐城市生态环境友好指数排名下降超过了 50 名外，其余均为小幅下降和上升情况。具体从三项分指数进行说明。

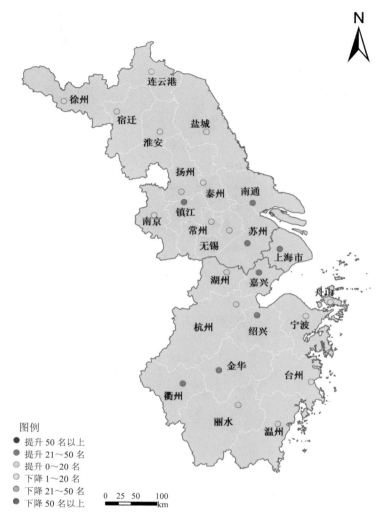

图 6-14 2015—2016 年江浙沪地区 EEFI 变化情况

从图 6-14 可见，2015—2016 年江浙沪地区城市生态分指数排名情况均呈小幅下降或上升的情况。由此说明虽然江浙沪地区城市生态分指数排名现状并不乐观，但2015—2016 年呈改进趋势。故江浙沪地区城市应继续加大生态环境的改善力度。

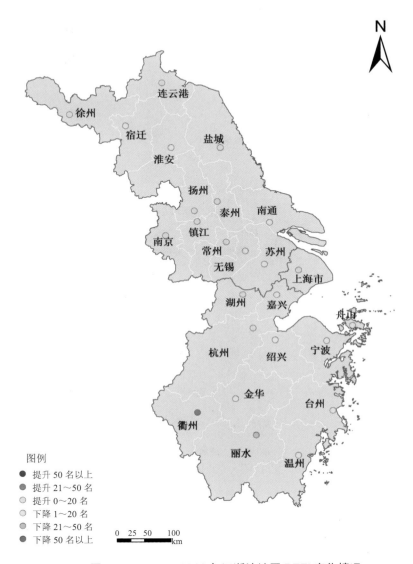

图 6-15　2015—2016 年江浙沪地区 PEFI 变化情况

　　从图 6-15 可见，2015—2016 年江浙沪地区城市生产分指数排名变化情况。除丽水市的生产分指数排名下降了 34 名外，其他城市均为小幅下降或上升情况。

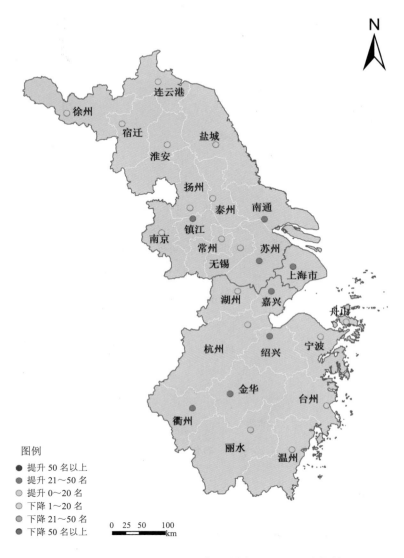

图 6-16　2015—2016 年江浙沪地区 LEFI 变化情况

　　从图 6-16 可见，2015—2016 年江浙沪地区城市生活分指数排名变化情况。该区域城市该项分指数呈小幅变化，几乎保持稳定。

6.3　成渝

6.3.1　2016 年成渝地区各项指数现状

2016 年成渝地区各项指数值及排名情况见表 6-5。

表 6-5　2016 年成渝地区各项指数值及排名情况

城市	UEFI	排名	EEFI	排名	PEFI	排名	LEFI	排名
重庆	50.2	102	52	140	53	71	49.5	181
成都	49.3	145	44.8	234	59.6	7	49.5	181
自贡	45.2	262	44	241	52.1	92	43.9	260
攀枝花	50.8	72	56.2	60	45.7	259	53.6	55
泸州	46.3	250	47.1	210	49.7	177	45.9	247
德阳	49	164	49	186	49.9	166	52.9	71
绵阳	49.5	137	53.7	102	51	126	46.7	237
广元	50.9	71	57	46	48.5	214	49.7	177
遂宁	50.6	82	52.3	133	50.5	144	53.2	65
内江	46.1	251	48.1	194	49.2	197	44.3	259
乐山	49.1	160	53.2	116	49.5	187	47.5	221
南充	49.3	145	51.5	146	48.1	226	52.2	91
眉山	48.4	181	50.3	167	50.2	154	48.4	200
宜宾	47.6	204	51.7	145	49	202	44.9	255
广安	48.5	175	51	155	49.6	182	48.4	200
达州	46.6	243	51.8	142	48.7	207	41.2	270
雅安	46	253	57.3	40	47.9	232	32	289
巴中	48.6	172	56.5	56	45.2	263	45.5	250
资阳	46.7	241	50.9	158	51.1	121	40.3	275

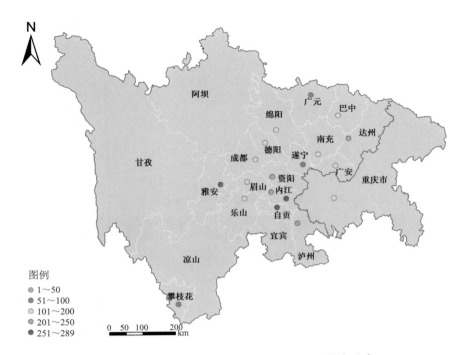

图 6-17   2016 年成渝地区 UEFI 排名分布

从图 6-17 可见，2016 年成渝地区城市生态环境友好指数排名分布情况。整体来看，成渝地区整体排名情况较差。除了广元、遂宁、攀枝花三个城市排在了全国前 100 位，排名最好的广元市为第 71 位以外，其余城市均排在了 100 位之后。其中，雅安、自贡、内江三个城市的排名更是在 200 位之后。综上，成渝地区已是全国范围内城市生态环境友好指数整体较差的区域之一，成渝地区的环境友好情况应该引起足够的重视。

从图 6-18 可见，成渝地区影响城市生态环境友好指数所占权重最大的生态分指数排名情况。仅有广元、雅安、巴中三个城市的生态分指数排名在前 100 位，其中广元市排名最高，排在第 46 位。整体来说，成渝地区生态分指数排名情况处于全国范围内中游水平，大部分城市都集中在第 101～200 位。可见，成渝地区生态环境方面有一定的提升空间。从三级具体指标来看，成都的空气质量达标天数比例仅为 39%，直接导致生态分指数排名位于 200 位之后。自贡市的在生态环境方面，各项三级指标值均较低，尤其是生态用地比例，该市应该在改善生态环境方面加大力度。

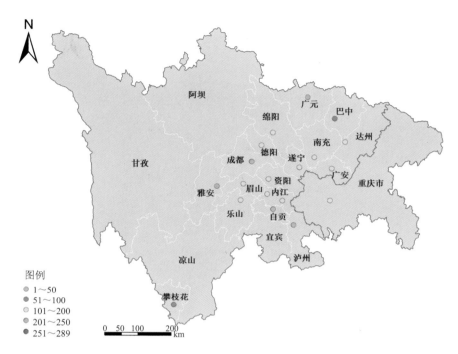

图例
- ● 1～50
- ● 51～100
- ○ 101～200
- ○ 201～250
- ● 251～289

0 50 100   200
km

图 6-18   2016 年成渝地区 EEFI 排名分布

　　从图 6-19 可见，成渝地区生产分指数排名情况。整体来看，成渝地区生产分指数总情况类似于该地区的生态环境情况，排名位于 100～200 位的城市数量最多，也就说明该地区生产环境处于中游水平，有较大的提高空间。巴中和攀枝花两市的排名位于200 位之后。从三级指标具体来看，成渝地区的单位土地经济产出除了成都市以外，整体偏低，同时污染物排放较高，高于全国平均水平。

　　从图 6-20 可见，成渝地区生活分指数排名情况。整体来看，成渝地区生活分指数情况为该地区三项分指数中最差，排名在 200 位之后的城市数量明显较另外两项分指数增多，且仅有 4 个城市排在了前 100 位。故成渝地区为了提高城市生态环境友好度，重中之重应改善生活环境。从三级具体指标来看，成渝地区生活污水集中处理率极低，平均值不到 30%，自贡和内江两市该项指标仅为 25.4%。

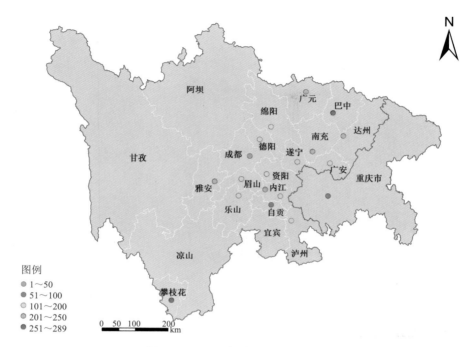

图 6-19　2016 年成渝地区 PEFI 排名分布

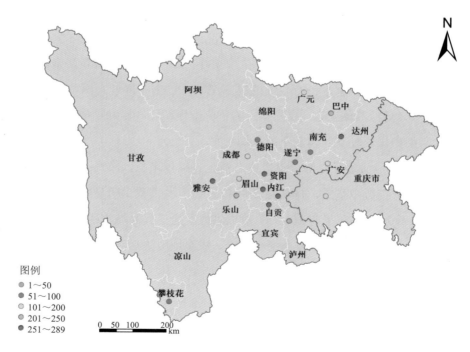

图 6-20　2016 年成渝地区 LEFI 排名分布

6.3.2　2015—2016 年成渝地区总指数及三项分指数变化情况

2015—2016 年成渝地区各城市总指数及三项分指数排名变化情况见表 6-6。

表 6-6　2015—2016 年成渝地区各城市总指数及分指数排名变化

城市	UEFI	EEFI	PEFI	LEFI
重庆	−32	3	2	−101
成都	−49	8	1	−124
自贡	−30	−2	8	−39
攀枝花	92	3	9	138
泸州	−55	−33	9	−60
德阳	10	−23	−6	107
绵阳	−51	−27	3	−27
广元	17	−3	21	10
遂宁	75	16	33	101
内江	−45	−15	0	−61
乐山	14	−16	3	35
南充	6	−1	−40	56
眉山	−24	5	41	−134
宜宾	−30	−32	−25	−3
广安	−54	10	21	−182
达州	−21	−1	12	−7
雅安	−232	−21	−59	−203
巴中	−102	−9	−22	−127
资阳	−16	−22	29	6

从图 6-21 可见，2015—2016 年成渝地区大部分城市的城市生态环境友好指数排名情况下降，且下降幅度较大。具体从三项分指数进行说明。

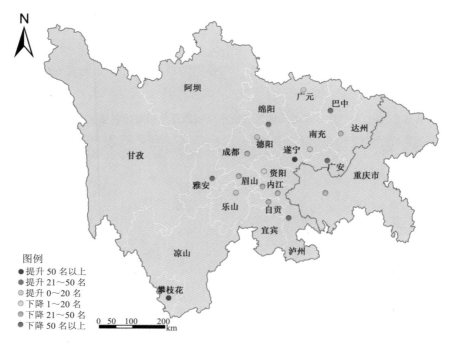

图 6-21　2015—2016 年成渝地区 UEFI 变化情况

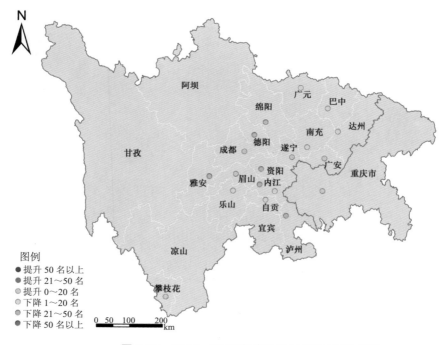

图 6-22　2015—2016 年成渝地区 EEFI 变化情况

从图 6-22 可见，2015—2016 年成渝地区城市生态指数排名情况并不好。排名上升的城市数量不多，且上升幅度较小，多数城市均呈下降情况，且多个城市下降幅度超过 20 位。从三级指标具体来看，该区域的生态分指数平均排名下降的原因是酸雨频率的上升，从 52%上升到了 55%。

图 6-23   2015—2016 年成渝地区 PEFI 变化情况

从图 6-23 可见，2015—2016 年成渝地区城市生产分指数排名变化情况。大部分城市都排名上升。值得关注的是雅安市，生产分指数排名下降幅度超过了 50 名，其主要原因是单位 GDP 电耗和水耗上升幅度略大，故该城市应在提升产能的同时，注意控制能源的消耗。

从图 6-24 可见，2015—2016 年成渝地区城市生活分指数排名变化情况。该区域城市该项分指数下降幅度超过 50 名的城市数量较多，是该区域三项分指数中表现最不好的一项。整体大幅下降的原因是生活污水和垃圾的处理率的下降，且下降幅度均超过 5%。

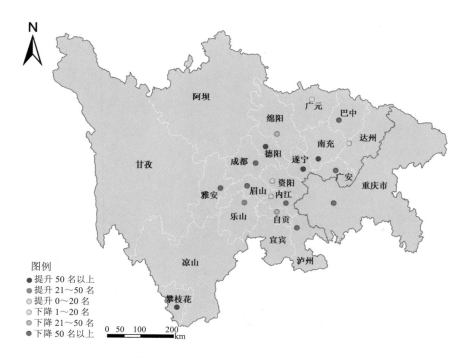

图 6-24　2015—2016 年成渝地区 LEFI 变化情况

6.4　青疆藏

6.4.1　2016 年青疆藏地区各项指数现状

2016 年青疆藏地区各项指数值及排名情况见表 6-7。

表 6-7　2016 年青疆藏地区各项指数值及排名情况

城市	UEFI	排名	EEFI	排名	PEFI	排名	LEFI	排名
西宁	50.2	102	51.4	149	53.9	59	49.5	181
海东	47	233	53	119	44.9	266	45.1	252
乌鲁木齐	49.2	150	48.2	189	55.4	35	48.8	192
克拉玛依	51.6	47	56.1	63	47.1	245	55	23
拉萨	48.7	171	56.6	54	40.7	281	50.8	136

从图 6-25 可见，2016 年青疆藏地区城市生态环境友好指数排名分布情况。除了克拉玛依市排在了全国第 47 位，其他城市均排在了 100 位之后，排名最差的是海东市排在了第 233 位。从三项分指数具体说明。

图 6-25　2016 年青疆藏地区 UEFI 排名分布

从图 6-26 可见，青疆藏地区影响城市生态环境友好指数所占权重最大的生态分指数排名情况。拉萨市排名最好，位于第 54 位。而在新疆维吾尔自治区，克拉玛依市和乌鲁木齐市的该项分指数排名差距较大，克拉玛依市为全国第 63 位，而乌鲁木齐市位于全国第 189 位。其主要原因是，乌鲁木齐市的空气质量达标天数比例较低，仅为 43.9%，比克拉玛依市低 15.3%。青海省的两个城市该项指标排名位置较为接近，但仍有一定的提升空间。

图 6-26　2016 年青疆藏地区 EEFI 排名分布

　　从图 6-27 可见，青疆藏地区生产分指数排名情况。乌鲁木齐市排名最好，位于第 35 位，而新疆的另一个城市克拉玛依市则排名较差，为全国第 245 名。其原因主要是克拉玛依市的第三产业占 GDP 的比例较低，为乌鲁木齐市的一半。青海省的两个城市该项分指数排名也差距较大，主要原因是海东市的单位土地经济产出较低，仅为 42 万元/km²，比西宁市低了 22 万元/km²。西藏自治区拉萨市的排名情况较差，主要原因也是单位土地经济产出较低，仅为 40 万元/km²。

　　从图 6-28 可见，青疆藏地区生活分指数排名情况。克拉玛依市排名情况最好，位于全国第 23 位。其余城市均在全国第 100 位之后。其主要原因是生活垃圾无害化处理率较低，尤其是海东市，仅为 31.3%。

图 6-27　2016 年青疆藏地区 PEFI 排名分布

图 6-28　2016 年青疆藏地区 LEFI 排名分布

6.4.2 2015—2016 年青疆藏地区总指数及三项分指数变化情况

2015—2016 年青疆藏地区总指数及分指数排名变化见表 6-8。

表 6-8 2015—2016 年青疆藏地区总指数及分指数排名变化

城市	UEFI	EEFI	PEFI	LEFI
西宁	−63	19	−26	−112
海东	−30	−41	26	35
乌鲁木齐	−45	1	−3	−47
克拉玛依	−11	−1	−50	−8
拉萨	−111	−35	−11	−89

图 6-29 2015—2016 年青疆藏地区 UEFI 变化情况

从图 6-29 可见，2015—2016 年青疆藏地区城市生态环境友好指数排名变化情况较稳定，所有城市均下降，其中克拉玛依市下降幅度最小，为 11 位，下降幅度最大的是拉萨市，下降了 111 位。其具体原因从三项分指数来进行说明。

图 6-30　2015—2016 年青疆藏地区 EEFI 变化情况

　　从图 6-30 可见，2015—2016 年青疆藏地区生态分指数排名变化情况。新疆两市的该项指标基本保持稳定。海东市下降了 41 名，主要原因是生态用地比例的下降，下降幅度为 5.6%。拉萨市的下降幅度也超过了 20 名，其主要原因是空气质量达标天数比例下降了 3.4%。

　　从图 6-31 可见，2015—2016 年青疆藏地区生产分指数排名变化情况。除了克拉玛依市以外，其余城市的变化幅度均不大。克拉玛依市下降了 50 位的主要原因是第三产业占 GDP 的比重的下降，下降幅度为 6.8%。

　　从图 6-32 可见，2015—2016 年青疆藏地区生活分指数排名变化情况。所有城市该项指标均下降。西宁市下降幅度最大，下降了 112 名，其主要原因是生活垃圾无害化处理率的降低，降低幅度为 12.5%。

图 6-31　2015—2016 年青疆藏地区 PEFI 变化情况

图 6-32　2015—2016 年青疆藏地区 LEFI 变化情况

6.5 山西省

6.5.1 2016 年山西省各项指数现状

2016 年山西省各项指数值及排名情况见表 6-9。

表 6-9 2016 年山西省各项指数值及排名情况

城市	UEFI	排名	EEFI	排名	PEFI	排名	LEFI	排名
阳泉	38.7	289	37.3	279	46.3	254	36.1	286
临汾	42.1	286	41	260	47.5	242	41.8	269
吕梁	44.7	272	47.2	206	43.6	274	46.8	234
运城	45.9	255	43.1	248	45.1	264	55.4	19
长治	46.8	237	45.6	231	49.1	199	50.8	136
太原	47.6	204	39.1	270	54.9	42	56.9	9
晋中	47.6	204	44.5	236	46.3	254	58.3	5
忻州	48.6	172	49.7	175	46.5	249	54.3	38
朔州	49	164	47.4	203	50.1	158	55	23
晋城	49.2	150	47.2	206	52	95	54.1	43
大同	49.3	145	50.1	169	52	95	50.2	156

图6-33　2016年山西省 UEFI 排名分布

　　从图6-33可见，2016年山西省城市生态环境友好指数排名分布情况。整体来看，山西省城市生态环境友好指数排名较差，所有城市均排在了全国第 100 位之后，且绝大部分城市排名在 200 位之后。从三项分指数来说明原因。

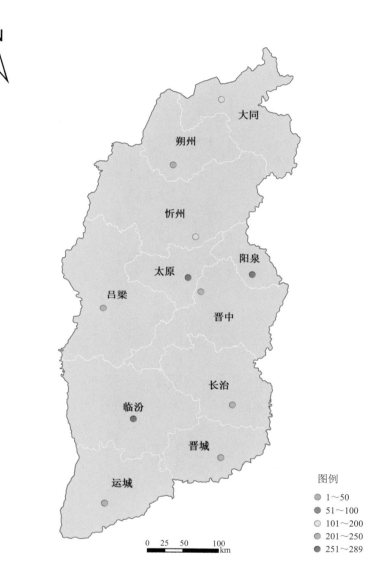

图 6-34　2016 年山西省 EEFI 排名分布

　　从图 6-34 可见，山西省影响城市生态环境友好指数所占权重最大的生态分指数排名情况。整体来看，该项分指数排名情况很差。与城市生态环境友好指数排名情况类似，大部分城市的排名位于第 100 位之后。从三级具体指标来看，该省的酸雨频率平均值较高，是生态分指数排名情况不好的直接原因之一。阳泉、长治两个城市的空气质量达标天数比例较低，均不到 40%，同时，阳泉市水质指数仅为 11，为全国最低。

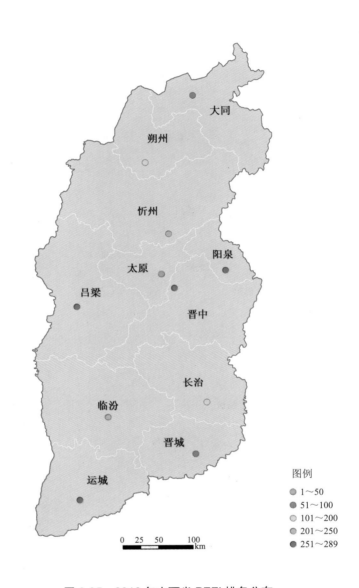

图 6-35　2016 年山西省 PEFI 排名分布

　　从图 6-35 可见，山西省生产分指数排名情况。整体来看，山西省生产分指数排名情况比生态分指数要好，虽然仍有 4 个城市排在了第 250 位之后。从三级指标具体说明，该省份工业固体废物综合利用率较低，是生产排名落后的主要原因，阳泉市的该项指标值仅为 22%。

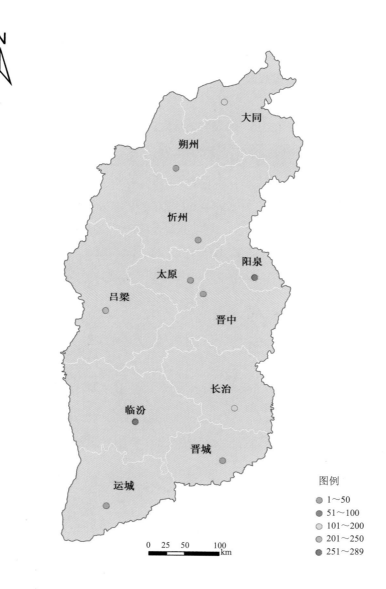

N

图例

● 1～50
● 51～100
○ 101～200
● 201～250
● 251～289

0 25 50   100
              km

图 6-36　2016 年山西省 LEFI 排名分布

　　从图 6-36 可见，山西省生活分指数排名情况。整体来看，山西省生活分指数情况为三项分指数中最好，将近半数城市排在了全国前 100 位。从三级具体指标来进行说明，该省的生活垃圾处理率平均值不到 40%，具有一定的改善空间。

6.5.2　2015—2016 年山西省总指数及三项分指数变化情况

2015—2016 年山西省总指数及分指数排名变化见表 6-10。

表 6-10　2015—2016 年总指数及分指数排名变化

城市	UEFI	EEFI	PEFI	LEFI
太原	−3	−16	1	34
大同	46	−4	135	74
阳泉	−16	−63	−3	−35
长治	−50	−41	28	91
晋城	−77	−54	−27	25
朔州	51	9	45	180
晋中	−24	−44	−61	188
运城	−40	−15	−9	236
忻州	84	−2	30	241
临汾	−32	−20	−92	−119
吕梁	1	50	−30	10

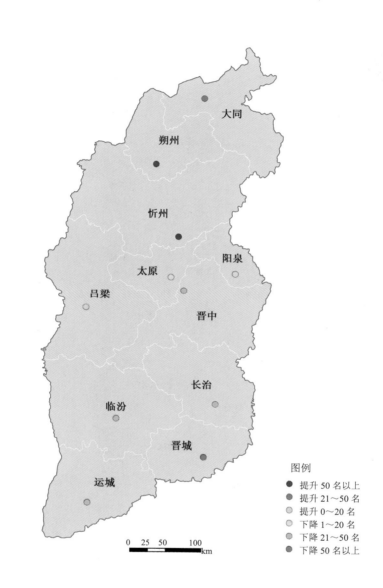

图 6-37 2015—2016 年山西省 UEFI 变化情况

图例

● 提升 50 名以上
● 提升 21~50 名
○ 提升 0~20 名
○ 下降 1~20 名
○ 下降 21~50 名
● 下降 50 名以上

从图 6-37 可见，2015—2016 年山西省城市生态环境友好指数排名变化情况较差。大部分城市均排名变化下降，其变化原因具体从三项分指数进行说明。

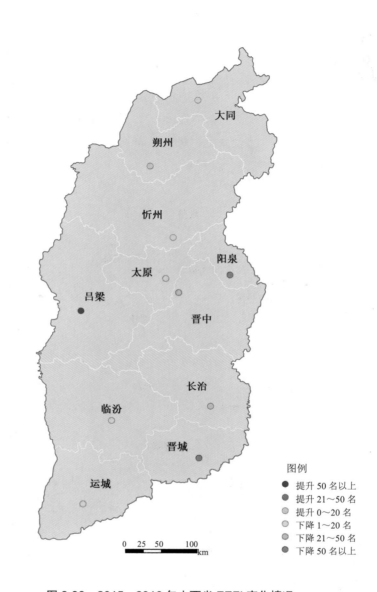

图 6-38　2015—2016 年山西省 EEFI 变化情况

　　从图 6-38 可见，2015—2016 年山西省城市生态分指数排名情况。除了吕梁市排名上升外，其余城市的排名均呈下降趋势。由此可见，山西省对生态环境的治理力度应进一步提高。

图 6-39   2015—2016 年山西省 PEFI 变化情况

从图 6-39 可见，2015—2016 年山西省城市生产分指数排名变化情况。大部分城市排名变化呈下降趋势。从三级具体指标来看，工业固废综合利用率的下降幅度过大为该省份生产分指数排名变化情况不好的主要原因之一，应予以重视。

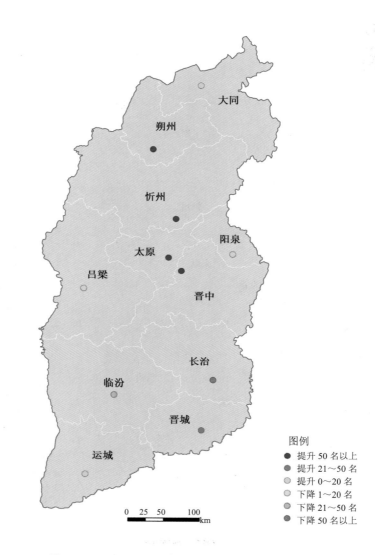

图 6-40　2015—2016 年山西省 LEFI 变化情况

　　从图 6-40 可见，2015—2016 年山西省城市生活分指数排名变化是该省份三项分指数情况最好的，有 4 个城市排名上升幅度超过了 50 名。主要原因是建成区绿化率的明显改善，这 4 个城市的平均值从 44%提高到了 51%。而排名下降的城市中，长治市的下降幅度超过了 50 名，其主要原因是饮用水水源水质达标率变低，从 53%降到了 47%。

6.6　内蒙古自治区

6.6.1　2016 年内蒙古自治区各项指数现状

2016 年内蒙古自治区各项指数值及排名情况见表 6-11。

表 6-11　2016 年内蒙古自治区各项指数值及排名情况

城市	UEFI	排名	EEFI	排名	PEFI	排名	LEFI	排名
呼和浩特	50.1	107	48.2	189	56.4	25	50.9	131
包头	49	164	44	241	53.2	68	56.5	12
乌海	47.5	209	49.4	183	45.8	258	51.4	120
赤峰	50.2	102	54.5	87	46.5	249	53.1	68
通辽	47.7	200	53.3	113	51	126	40.6	274
鄂尔多斯	55.3	1	57.3	40	52.4	88	61.1	1
呼伦贝尔	49.2	150	60.9	7	48.8	206	37.4	284
巴彦淖尔	49.4	140	53.4	110	47.8	235	50.2	156
乌兰察布	51.2	60	54.6	85	48.3	218	54.4	35

从图 6-41 可见，2016 年内蒙古自治区城市生态环境友好指数排名分布情况。整体来看，该区域城市生态环境友好指数排名在全国范围内处于中等排名，无排在全国第250 位以后的城市，大部分城市排在了第 101～200 位的区间。从三项分指数来说明原因。

图 6-41　2016 年内蒙古自治区 UEFI 排名分布

图 6-42　2016 年内蒙古自治区 EEFI 排名分布

从图 6-42 可见，内蒙古自治区影响城市生态环境友好指数所占权重最大的生态分指数排名情况。整体来看，该项分指数排名情况较好。主要原因是该区域的生态用地比例较高，为全国范围内该项指标最高的区域。而对于排名在 100 位之后的城市，城市水质指数较低是主要的原因。

图 6-43　2016 年内蒙古自治区 PEFI 排名分布

从图 6-43 可见，内蒙古自治区生产分指数排名情况。整体来看，该区域的生产分指数排名情况是三项分指数中最差的。半数城市的排名在全国第 200 位之后，尤其乌海市，位于全国第 258 位。内蒙古自治区生产分指数较低的主要原因是单位土地的经济产出低，该区域应在可持续发展的前提下，优化产业结构，提高产能，适度增加经济产出。

从图 6-44 可见，内蒙古自治区生活分指数排名情况。除了通辽、呼伦贝尔两个城市排名位于全国第 250 位之后，其余城市均在前 200 位。这两个城市排名靠后的主要原因是生活垃圾无害化处理率较低，平均值为 37%，低于全国平均水平。

图 6-44　2016 年内蒙古自治区 LEFI 排名分布

6.6.2　2015—2016 年内蒙古自治区总指数及三项分指数变化情况

2015—2016 年内蒙古自治区总指数及分指数排名变化见表 6-12。

表 6-12　2015—2016 年总指数及分指数排名变化

城市	UEFI	EEFI	PEFI	LEFI
呼和浩特	14	29	4	−102
包头	68	16	19	75
乌海	32	42	11	149
赤峰	49	17	−4	177
通辽	6	36	75	−73
鄂尔多斯	1	19	−42	45
呼伦贝尔	7	−1	13	−65

城市	UEFI	EEFI	PEFI	LEFI
巴彦淖尔	−31	0	−16	63
乌兰察布	−4	33	−74	109

图 6-45　2015—2016 年内蒙古自治区 UEFI 变化情况

　　从图 6-45 可见，2015—2016 年内蒙古自治区城市生态环境友好指数排名变化情况较好。除巴彦淖尔盟下降了 31 位外，其余城市均呈上升。该项其变化原因具体从三项分指数进行说明。

　　从图 6-46 可见，2015—2016 年内蒙古自治区城市生态分指数排名情况。除呼伦贝尔市排名下降了 1 名以外，其余城市的排名均呈上升。由此可见，2016 年该区域对生态环境的关注度较高，应继续保持，进一步提高生态环境的友好度。

图 6-46　2015—2016 年内蒙古自治区 EEFI 变化情况

图 6-47　2015—2016 年内蒙古自治区 PEFI 变化情况

从图 6-47 可见，2015—2016 年内蒙古自治区城市生产分指数排名变化情况。大部分城市排名变化呈上升。从三级具体指标来看，排名上升的城市的单位土地经济产出的提高是其主要原因，平均提高了 3%左右；而排名下降的城市主要原因在于废气污染物排放量的增加，以乌兰察布为代表，2016 年的值为 2015 年的 1.3 倍。

图 6-48   2015—2016 年内蒙古自治区 LEFI 变化情况

从图 6-48 可见，2015—2016 年内蒙古自治区城市生活分指数排名变化是该省份三项分指数中情况最差的，仅有 5 个城市排名上升，其主要原因是建成区绿化率的明显改善。而其余排名下降的城市中，巴彦淖尔和乌海两个城市排名下降幅度超过了 50 名，其主要原因是生活垃圾处理率的明显降低，应予以重视。

6.7　辽宁省

6.7.1　2016 年辽宁省各项指数现状

2016 年辽宁省各项指数值及排名情况见表 6-13。

表 6-13　2016 年辽宁省各项指数值及排名情况

城市	UEFI	排名	EEFI	排名	PEFI	排名	LEFI	排名
大连	52.7	22	53.2	116	56.3	27	53.2	65
丹东	51	65	55	77	49	202	52.6	80
朝阳	50.8	72	55.4	72	48.3	218	51.7	107
抚顺	49.9	117	54	96	44.5	269	54.9	28
盘锦	49.2	150	48.1	194	51.8	102	52.8	73
本溪	48.5	175	55.8	65	38.6	286	53.5	58
铁岭	47.9	195	49.5	180	44.4	270	54.3	38
锦州	47.6	204	45.8	230	54.2	56	47.9	215
阜新	47.4	215	48.8	187	43	276	54.8	29
沈阳	46.9	234	44.4	238	54.5	50	47	230
营口	46.8	237	50.9	158	49.9	166	42.2	268
鞍山	46.7	241	49.7	175	46.4	253	47.2	226
辽阳	45.3	260	50.6	163	43.9	271	43.7	262
葫芦岛	45	266	49.7	175	48.6	211	38.5	282

从图 6-49 可见，2016 年辽宁省城市生态环境友好指数排名分布情况。整体来看，辽宁省城市生态环境友好指数排名较差，除大连、丹东、朝阳三个城市外，其他城市的排名均位于 100 位以后，大连市排名情况最好，位于全国第 22 位，葫芦岛市排名最差，位于全国第 266 位。从三项分指数来说明原因。

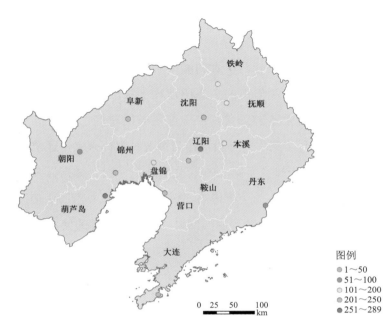

图 6-49　2016 年辽宁省 UEFI 排名分布

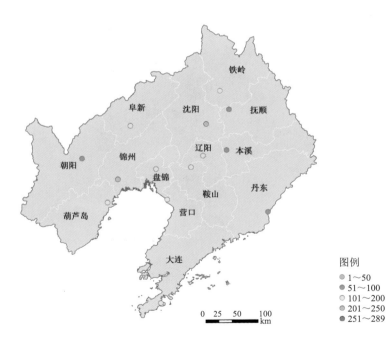

图 6-50　2016 年辽宁省 EEFI 排名分布

　　从图 6-50 可见,辽宁省影响城市生态环境友好指数所占权重最大的生态分指数排名情况。整体来看,该项分指数有一定的上升空间。大部分城市的排名位于第 100 位之后。从三级具体指标来看,该省的酸雨频率平均值较高,是生态分指数排名情况不好的直接原因之一。沈阳市的生态用地比例极低,仅为 36%,生态用地比例在改善城市生态环境具有重要的意义,应引起足够的重视。

　　从图 6-51 可见,辽宁省生产分指数排名情况。整体来看,辽宁省生产分指数排名情况很差,将近半数城市排在了第 250 位之后。从三级具体指标来进行说明。辽宁省各市单位 GDP 电耗及水耗多为全国最高,平均值是其他省市的 3 倍以上,因此也使得辽宁省生产环境很差。故在提高产能的同时,应注意资源的使用情况,关注城市的可持续发展情况。

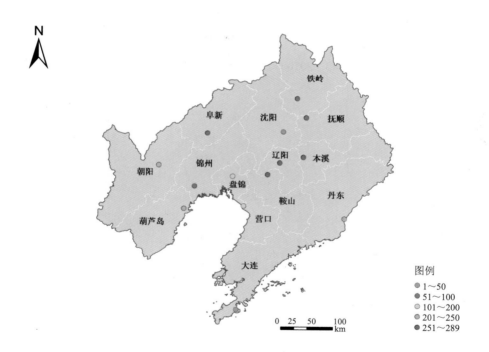

图 6-51　2016 年辽宁省 PEFI 排名分布

　　从图 6-52 可见,辽宁省生活分指数排名情况。整体来看,辽宁省生活分指数情况为三项分指数中最好,将近半数城市排在了全国前 100 位。但该项分指数的城市排名较极端,排在全国第 200 位之后的城市数量也并不少。从三级具体指标来进行说明,营口市的生活垃圾无害化处理率和建成区绿化率都很低，分别为 38% 和 33%，直接导致了该市的生活分指数排名为同省最差。其他城市的建成区绿化率也并不高，有一定的改善空间。

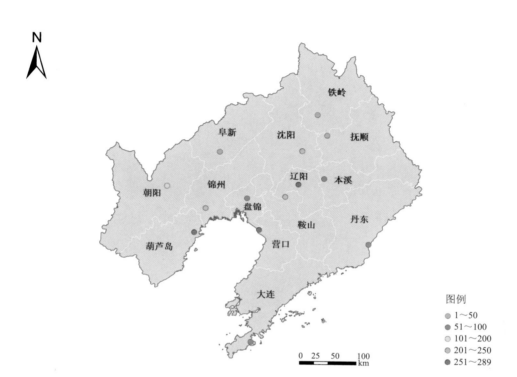

图 6-52　2016 年辽宁省 LEFI 排名分布

6.7.2　2015—2016 年辽宁省总指数及三项分指数变化情况

2015—2016 年辽宁省总指数及分指数排名变化见表 6-14。

表 6-14　2015—2016 年辽宁省总指数及分指数排名变化

城市	UEFI	EEFI	PEFI	LEFI
沈阳	−12	21	−25	−205
大连	41	22	26	−12
鞍山	23	62	6	33

城市	UEFI	EEFI	PEFI	LEFI
抚顺	19	22	−44	197
本溪	20	57	−14	214
丹东	44	−2	−79	43
锦州	28	8	112	−47
营口	−73	1	−62	−164
阜新	45	17	−1	246
辽阳	−2	18	−15	−6
盘锦	−77	21	−85	−56
铁岭	8	5	6	238
朝阳	19	13	7	118
葫芦岛	1	−2	53	−18

图 6-53　2015—2016 年辽宁省 UEFI 变化情况

从图 6-53 可见，2015—2016 年辽宁省城市生态环境友好指数排名变化情况。除盘锦和营口市外，其余城市均排名变化小幅下降或上升，其变化原因具体从三项分指数进行说明。

从图 6-54 可见，2015—2016 年辽宁省城市生态分指数排名较好。除葫芦岛和丹东市排名小幅下降外，其余城市的排名均呈上升趋势。虽然 2015 年辽宁省生态分指数排名情况并不好，但是辽宁省在生态环境方面的重视程度正逐步提升，在 2016 年有了较大的提高。

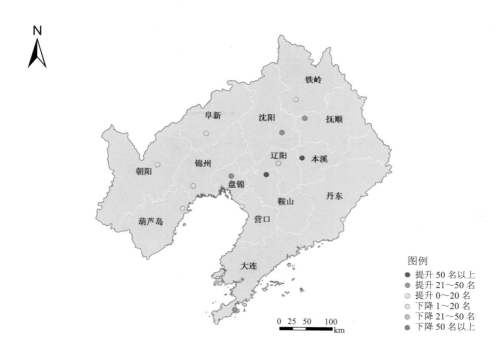

图 6-54　2015—2016 年辽宁省 EEFI 变化情况

从图 6-55 可见，2015—2016 年辽宁省城市生产分指数排名变化情况较差。大部分城市排名变化呈下降趋势。盘锦、营口、丹东三个城市下降幅度超过了 50 名。主要原因是单位 GDP 资源消耗过大。

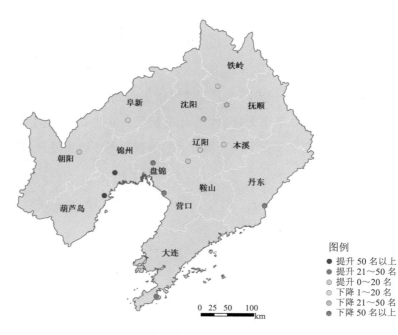

图 6-55 2015—2016 年辽宁省 PEFI 变化情况

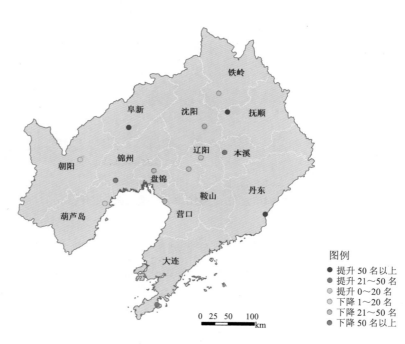

图 6-56 2015—2016 年辽宁省 LEFI 变化情况

从图 6-56 可见，2015—2016 年辽宁省城市生活分指数排名变化浮动较大，排名提升 50 名以上和下降超过 20 名的城市数量都很多。建成区绿化率的下降也是直接导致城市生活分指数排名下降的主要原因，应予以重视。

6.8 吉林省

6.8.1 2016 年吉林省各项指数现状

2016 年吉林省各项指数值及排名情况见表 6-15。

表 6-15   2016 年吉林省各项指数值及排名情况

城市	UEFI	排名	EEFI	排名	PEFI	排名	LEFI	排名
通化	50	112	54.8	80	50.2	154	47.8	217
辽源	49.8	125	47.2	206	53.7	61	54.2	41
白山	49.8	125	55.5	69	50.5	144	45.7	249
吉林	49.5	137	53.6	104	49.8	172	48.2	205
松原	49.4	140	51.8	142	53	71	47	230
长春	49.2	150	46.9	212	55.4	35	50.6	145
白城	49	164	52.3	133	50.8	133	47.2	226
四平	44.8	270	46.6	218	49.9	166	40.9	272

从图 6-57 可见，2016 年吉林省城市生态环境友好指数排名分布情况。整体来看，吉林省城市生态环境友好指数排名较差，全部城市的排名均位于 100 位以后，四平市排名最差，位于全国第 270 位。从三项分指数来说明原因。

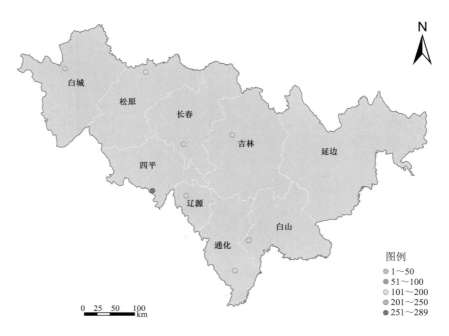

图 6-57　2016 年吉林省 UEFI 排名分布

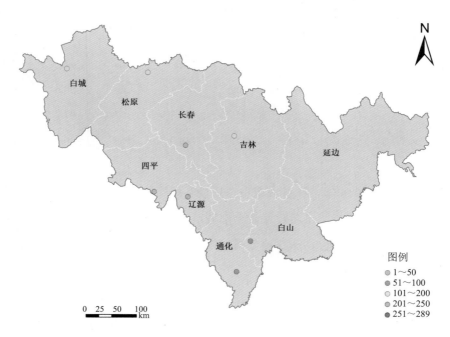

图 6-58　2016 年吉林省 EEFI 排名分布

从图 6-58 可见，吉林省影响城市生态环境友好指数所占权重最大的生态分指数排名情况。整体来看，该项分指数有一定的上升空间。从三级具体指标来看，城市水质指数 CWQI 值较低，根据城市辖区内河流和湖库的 CWQI 指数，取其加权均值即为该城市的 CWQI 指数。具体计算方法见《城市地表水环境质量排名技术规定》。尤其四平市和辽源市，分别为 34.2 和 32.4。

从图 6-59 可见，吉林省生产分指数排名情况。整体来看，吉林省生产分指数是三项分指数中情况最好的，有三个城市排在了全国前 100 位，且没有排在全国第 200 位之后的城市。但排名位于中间区间的城市数量较多，有一定的提高空间。

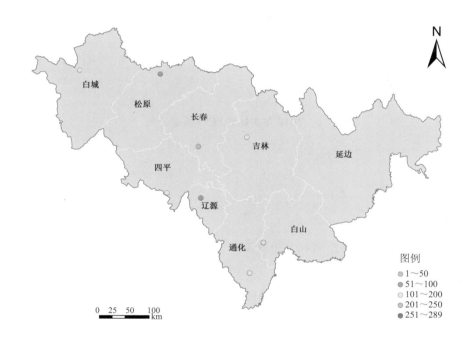

图 6-59　2016 年吉林省 PEFI 排名分布

从图 6-60 可见，吉林省生活分指数排名情况。整体来看，吉林省生活分指数情况为三项分指数中最差，仅有辽源一市排名在前 100 位，且平均排名为第 199 位。从三级具体指标来进行说明，吉林省的生活垃圾无害化处理率较低，其中吉林市的该项指标仅为 33.7%，且其他城市的该项指标也较低，故直接导致了吉林省的生活环境友好排名较差。

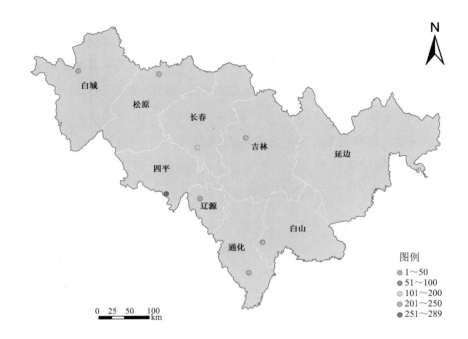

图 6-60　2016 年吉林省 LEFI 排名分布

6.8.2　2015—2016 年吉林省总指数及三项分指数变化情况

2015—2016 年吉林省总指数及分指数排名变化见表 6-16。

表 6-16　2015—2016 年吉林省总指数及分指数排名变化

城市	UEFI	EEFI	PEFI	LEFI
长春	75	36	31	−79
吉林	100	67	75	42
四平	16	28	107	1
辽源	11	−12	18	38
通化	66	28	97	34
白山	103	11	107	2

城市	UEFI	EEFI	PEFI	LEFI
松原	41	23	52	−107
白城	−55	10	−19	−112

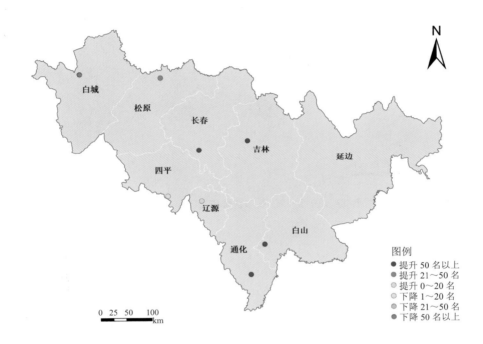

图 6-61　2015—2016 年吉林省 UEFI 变化情况

　　从图 6-61 可见，2015—2016 年吉林省城市生态环境友好指数排名变化情况较好，除了白城市外，其余城市均排名上升，且有半数城市上升幅度超过 50 名，但白城市的城市生态环境友好指数下降了 55 名的情况需要引起足够重视。其变化原因具体从三项分指数进行说明。

　　从图 6-62 可见，2015—2016 年吉林省城市生态环境友好指数排名情况除了辽源市小幅下降外，其余城市的排名均呈上升趋势。虽然 2015 年吉林省生态分指数排名情况并不好，但是吉林省在生态环境方面的重视程度正逐步提升，在 2016 年有了较大的提高。

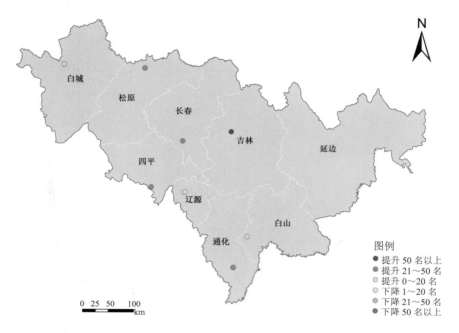

图 6-62　2015—2016 年吉林省 EEFI 变化情况

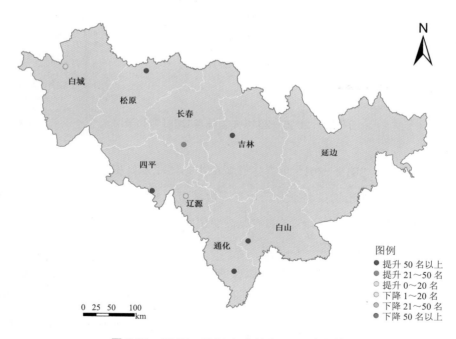

图 6-63　2015—2016 年吉林省 PEFI 变化情况

从图 6-63 可见，2015—2016 年吉林省城市生产分指数排名变化情况。除了白城市小幅下降外，其余城市的排名均呈上升趋势。且超过半数城市上升幅度较大，超过了 50 位。这样的进步速度应该继续保持，更进一步提高生产环境友好度。白城市 2016 年与 2015 年相比，废气污染物排放量明显增多，故应在以提高产能为目的的同时，注重减少废气污染物的排放，从而改善生产环境。

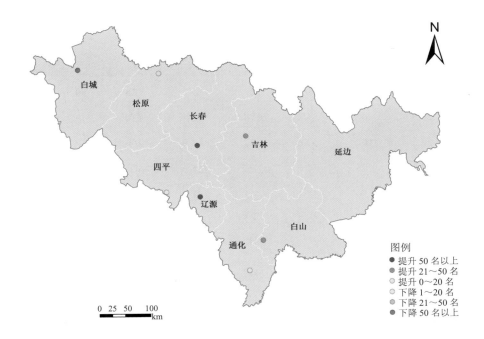

图 6-64　2015—2016 年吉林省 LEFI 变化情况

从图 6-64 可见，2015—2016 年吉林省城市生活分指数排名变化情况。该区域城市除了白城市外，其余城市均呈小幅下降或排名上升。白城市的生活污水以及生活垃圾处理率在 2016 年都有了超过 3% 的下降幅度。

6.9　黑龙江省

6.9.1　2016 年黑龙江省各项指数现状

2016 年黑龙江省各项指数值及排名情况见表 6-17。

表 6-17　2016 年黑龙江省各项指数值及排名情况

城市	UEFI	排名	EEFI	排名	PEFI	排名	LEFI	排名
黑河	51.3	59	60.7	8	35.7	288	59.8	3
大庆	50.5	88	55.1	76	50.9	130	48.2	205
牡丹江	50.2	102	57.6	37	44.9	266	50.2	156
哈尔滨	49.8	125	51.2	152	55.6	32	46.4	241
鸡西	49.2	150	57.1	43	43	276	49.2	186
双鸭山	48.5	175	56.2	60	39.8	282	51.8	105
伊春	48.5	175	62.5	1	39.3	284	42.9	264
七台河	48.3	190	53.3	113	43.8	273	50.8	136
绥化	47.5	209	55.5	69	48.3	218	39.5	278
佳木斯	47.4	215	54.8	80	49.2	197	39.4	279
齐齐哈尔	46.9	234	54.5	87	47.9	232	39.4	279
鹤岗	46.1	251	56.7	52	38.8	285	43.1	263

从图 6-65 可见，2016 年黑龙江省城市生态环境友好指数排名分布情况。整体来看，黑龙江省城市生态环境友好指数排名较差，除大庆和黑河两市外，均排在了第 100 位之后。黑龙江省已是全国范围内城市生态环境友好指数整体较差的省份之一，故黑龙江省的生态环境友好情况应该引起足够的重视。

图 6-65   2016 年黑龙江省 UEFI 排名分布

图 6-66   2016 年黑龙江省 EEFI 排名分布

从图 6-66 可见，黑龙江省影响城市生态环境友好指数所占权重最大的生态分指数排名情况。整体来看，排名情况较好，除了哈尔滨、七台河两市外，均排在了全国前 100 位。足以可见黑龙江省的生态情况较好，也从侧面反映出该市的另外两项指标不容乐观。

图 6-67　2016 年黑龙江省 PEFI 排名分布

从图 6-67 可见，黑龙江省生产分指数排名情况。整体来看，黑龙江省生产分指数总情况较差，除哈尔滨市排了全国第 32 位外，其余城市均排在 100 位之后，且大部分城市排名位于第 200 位之后。从三级具体指标来看，主要原因是黑龙江省单位土地经济产出较低，且单位 GDP 的电耗和水耗较高。由此可见，黑龙江省亟待解决产业结构落后问题，同时应注意资源的消耗问题，进而提高整体的生产环境。

从图 6-68 可见，黑龙江省生活分指数排名情况。整体来看，黑龙江省生活分指数情况也较差，仅有黑河一市排名在前 100 位，且平均排名为第 200 位。从三级具体指标来进行说明，黑龙江省的集中式饮用水水源水质达标率较低，其中绥化和佳木斯的水质达标率仅为 14.5%，且其他城市的该项指标也较低，故直接导致了黑龙江省的生活分指数排名较差。

图 6-68   2016 年黑龙江省 LEFI 排名分布

6.9.2   2015—2016 年黑龙江省总指数及三项分指数变化情况

2015—2016 年黑龙江省各城市总指数及三项分指数排名变化情况如表 6-18 所示。

表 6-18   2015—2016 年黑龙江省总指数及分指数排名变化

城市	UEFI	EEFI	PEFI	LEFI
哈尔滨	137	46	11	−198
齐齐哈尔	13	0	5	−42
鸡西	−54	6	−2	88
鹤岗	−26	43	−5	17
双鸭山	−5	21	−6	171
大庆	−22	−1	45	−30

城市	UEFI	EEFI	PEFI	LEFI
伊春	6	2	5	25
佳木斯	−28	−13	−68	−150
七台河	48	9	−2	135
牡丹江	55	28	−4	54
黑河	58	3	−1	10
绥化	52	37	60	0

图 6-69　2015—2016 年黑龙江省 UEFI 变化情况

　　从图 6-69 可见，2015—2016 年黑龙江省城市生态环境友好指数排名上升的城市数量大于下降的城市数量，哈尔滨市上升幅度最大，达 137 名；名次下降的城市的下降幅度没有超过 50 名的城市。其变化原因具体从三项分指数进行说明。

图 6-70　2015—2016 年黑龙江省 EEFI 变化情况

　　从图 6-70 可见，2015—2016 年黑龙江省城市生态分指数排名情况除了佳木斯与大庆市小幅下降外，其余城市的排名均呈上升趋势。且 2015 年黑龙江省生态分指数排名情况已经处于全国领先位置，可说明黑龙江省在生态保护方面的重视程度很高，以及自然条件优势，奠定了生态分指数的领先地位。

　　从图 6-71 可见，2015—2016 年黑龙江省城市生产分指数排名变化情况。排名下降的城市数量多于排名上升的城市数量。尤其佳木斯市，下降幅度超过了 50 名。从三级具体指标进行说明，单位 GDP 排放的污染物量上升，导致生产环境变差。故应在追求产能的同时，注意废气的排放情况。

　　从图 6-72 可见，2015—2016 年黑龙江省城市生活分指数排名变化情况。该区域城市在该项分指数的变化情况分布各异，伊春、大庆、鸡西三个城市下降幅度超过 50 名，下降的主要原因是生活污水的集中处理率降低，平均每个城市降低了 3%。

图 6-71　2015—2016 年黑龙江省 PEFI 变化情况

图 6-72　2015—2016 年黑龙江省 LEFI 变化情况

6.10 安徽省

6.10.1 2016 年安徽省各项指数现状

2016 年安徽省各项指数值及排名情况见表 6-19。

表 6-19　2016 年安徽省各项指数值及排名情况

城市	UEFI	排名	EEFI	排名	PEFI	排名	LEFI	排名
黄山	53.2	11	55.7	67	51.5	109	56.6	10
池州	52.7	22	54.8	80	51.5	109	56.1	15
宣城	51.8	39	54.3	91	50.1	158	55	23
六安	51	65	53.6	104	47.2	244	56.5	12
芜湖	50.8	72	51.1	153	53	71	52.9	71
合肥	50.7	80	46.8	214	57.7	18	53.8	48
安庆	49.9	117	51.5	146	50.2	154	52.1	93
马鞍山	49.4	140	50.1	169	50.7	136	51.9	102
铜陵	49.1	160	46.9	212	51	126	55.2	21
蚌埠	47.9	195	46.2	226	52	95	50.6	145
淮北	47.7	200	44.5	236	50.7	136	53.9	45
宿州	47.6	204	44.2	239	51.2	116	53.4	62
淮南	47.1	226	47.7	200	47.5	242	50.6	145
滁州	47.1	226	45.9	228	48.2	224	52.2	91
阜阳	45.9	255	45	233	47.7	238	49.7	177
亳州	44.5	274	45.4	232	51.1	121	40.3	275

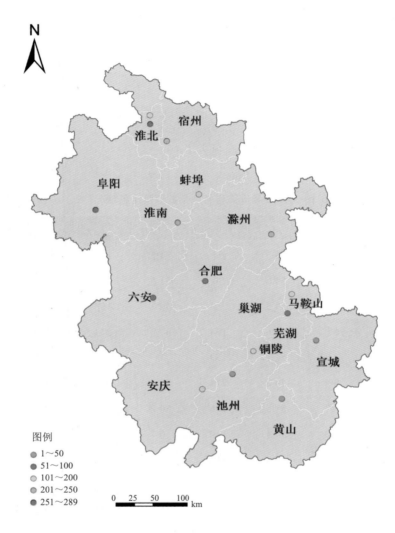

图 6-73　2016 年安徽省 UEFI 排名分布

　　从图 6-73 可见，2016 年安徽省城市生态环境友好指数排名分布情况。整体来看，该区域城市生态环境友好指数排名在每个区间内都有一定的城市数量。故可见该省份在城市生态环境友好方面提升空间较大，从三项分指数来说明原因。

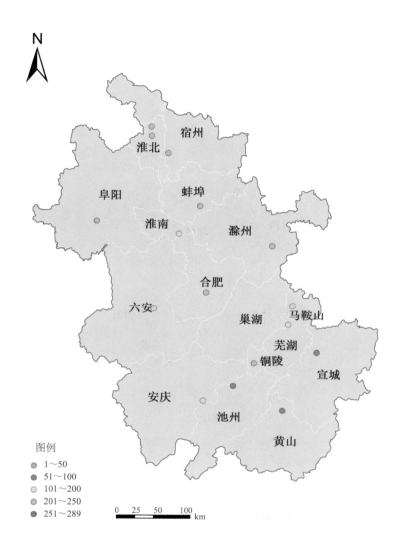

图 6-74　2016 年安徽省 EEFI 排名分布

　　从图 6-74 可见，安徽影响城市生态环境友好指数所占权重最大的生态分指数排名情况。整体来看，该项分指数排名情况处于全国范围内中等区域。大部分城市都排在了第 100 位之后，但没有排在第 250 位之后的城市。但是排在 201～250 位的城市数量较多。从三级具体指标具体来看，这些排在 200 位以后的城市的水质指数 CWQI 平均值和生态用地比例较低，分别为 48.1 和 39%，均低于全国平均水平，也就造成了生态分指数排名较差。

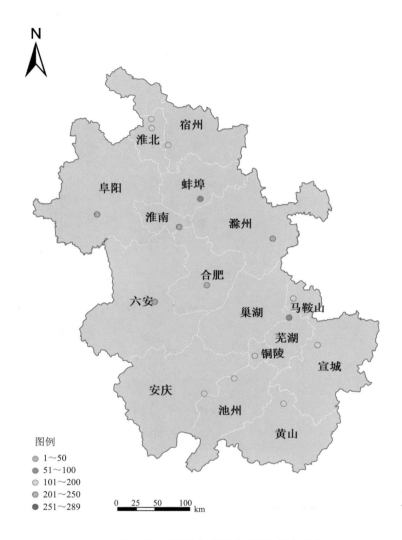

图 6-75　2016 年安徽省 PEFI 排名分布

　　从图 6-75 可见，安徽省生产分指数排名情况。整体来看，该区域的生产分指数排名情况略好于生态分指数排名情况。80%的城市排在了全国前 200 位。从三级具体指标来分析排名在 200 位之后的城市，其主要原因是单位废气污染物的排放量较大，为全国平均值的 1.2 倍，尤其阜阳市，单位废气污染物排放量达到 56 t/万元。

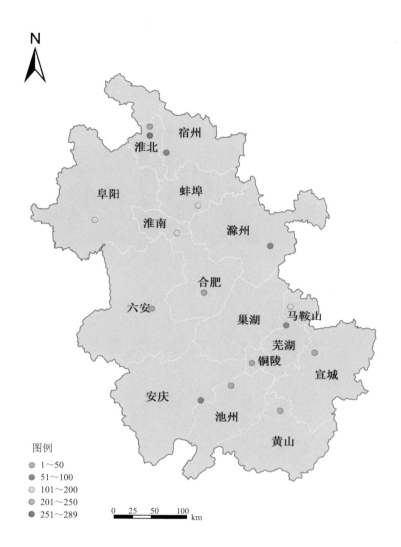

图 6-76 2016 年安徽省 LEFI 排名分布

从图 6-76 可见，安徽省生活分指数排名情况是该省份三项分指数情况中平均排名最高的。大部分城市均排在了全国前 100 位，且分布在全国前 50 位的城市数量超过总数量的 1/3。仅有淮北市排在了全国第 250 位之后。其主要原因是该市的生活污水集中处理率较低，仅为 47%，排在了全国城市范围的后 5% 区间，故导致淮北市的生活分指数排名情况较差。

6.10.2 2015—2016 年安徽省总指数及三项分指数变化情况

2015—2016 年安徽省总指数及分指数排名变化见表 6-20。

表 6-20 2015—2016 年安徽省总指数及分指数排名变化

城市	UEFI	EEFI	PEFI	LEFI
合肥	−2	−8	−5	82
芜湖	29	−22	27	92
蚌埠	13	−26	70	48
淮南	−56	−51	−32	8
马鞍山	17	−7	14	51
淮北	3	−1	24	10
铜陵	−94	−67	−64	50
安庆	−21	−59	−15	103
黄山	−8	−34	−16	0
滁州	−23	−43	13	24
阜阳	−17	−56	−30	80
宿州	11	−45	111	94
六安	40	−9	5	54
亳州	−16	−9	49	−9
池州	−6	−47	20	18
宣城	1	1	−8	−15

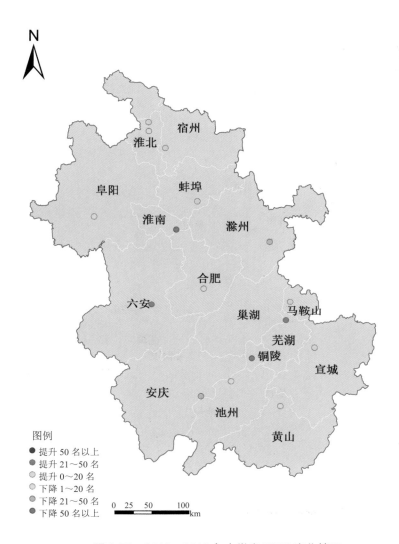

图 6-77　2015—2016 年安徽省 UEFI 变化情况

　　从图 6-77 可见，2015—2016 年安徽省城市生态环境友好指数排名变化分布在各个区间内的均有一定数量，变化幅度相对较大。尤其淮南和铜陵两个城市下降幅度超过了 50 名，分别为下降 56 名和下降 94 名。该项其变化原因具体从三项分指数进行说明。

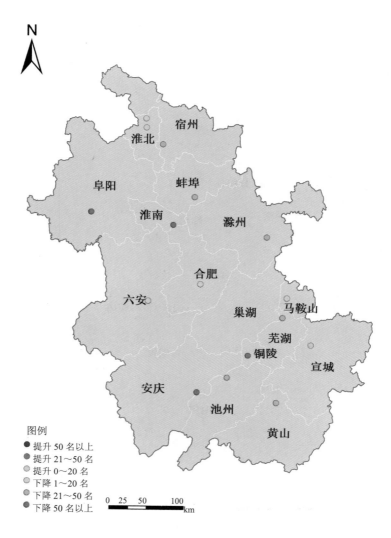

图 6-78　2015—2016 年安徽省 EEFI 变化情况

从图 6-78 可见，2015—2016 年安徽省城市生态分指数排名情况。整体来看，该省份下降幅度较大，阜阳、淮南、池州、铜陵 4 个城市下降大于 50 名。从三级具体指标来看，主要是生态用地比例的显著下降，该 4 个城市的平均生态用地比例从 2015 年的 52.2%下降到了 2016 年的 49.8%。这也进而使得这 4 个城市的生态分指数下降幅度较大。

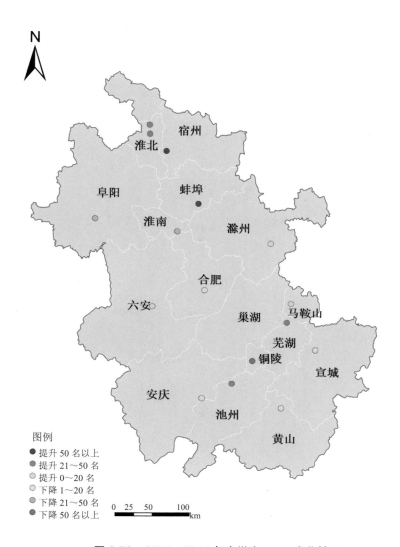

图 6-79   2015—2016 年安徽省 PEFI 变化情况

从图 6-79 可见，2015—2016 年安徽省城市生产分指数排名变化情况。该项分指数的变化情况好于生态分指数。仅有铜陵一个城市下降幅度超过了 50 名。其主要原因是固体废弃物回收利用率的下降，从 2015 年的 54%下降到了 2016 年的 50.1%。

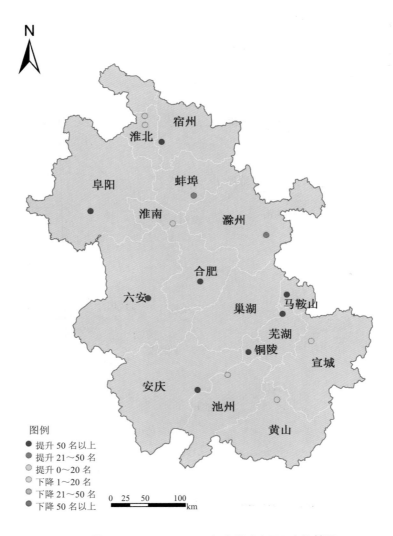

图 6-80 2015—2016 年安徽省 LEFI 变化情况

　　从图 6-80 可见，2015—2016 年安徽省城市生活分指数排名变化是该省份三项分指数中情况最好的，绝大部分城市都呈上升趋势，且提升幅度较大。仅有宣城、淮北两个城市呈现小幅下降趋势，下降幅度小于 20 名。可见，2016 年安徽省在生活环境方面的治理力度较大。

6.11　福建省

6.11.1　2016 年福建省各项指数现状

2016 年福建省各项指数值及排名情况见表 6-21。

表 6-21　2016 年福建省各项指数值及排名情况

城市	UEFI	排名	EEFI	排名	PEFI	排名	LEFI	排名
福州	53.4	6	56	64	56.4	25	51.5	118
厦门	51.9	36	52.8	122	58.3	15	48.8	192
莆田	51.2	60	55.2	74	53	71	48.5	198
三明	52.8	19	58.7	25	50.5	144	51.9	102
泉州	52.8	19	56.8	51	54.8	43	50	165
漳州	50.1	107	58.4	29	54.5	50	38.2	283
南平	51.7	45	57.4	39	50.4	148	49.9	168
龙岩	53.2	11	60	13	51.7	106	50.1	163
宁德	52.5	27	58.1	33	50.5	144	51.7	107

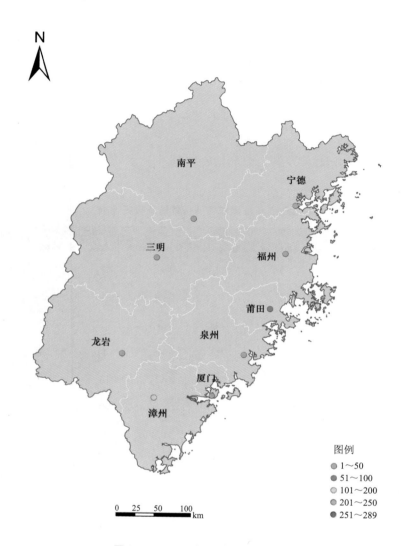

N

图例
- 1～50
- 51～100
- 101～200
- 201～250
- 251～289

0 25 50 100
km

图 6-81 2016 年福建省 UEFI 排名分布

　　从图 6-81 可见，2016 年福建城市生态环境友好指数排名分布情况。除漳州市排在了全国第 107 位，其他城市均排在了全国前 100 位。从三项分指数来说明。

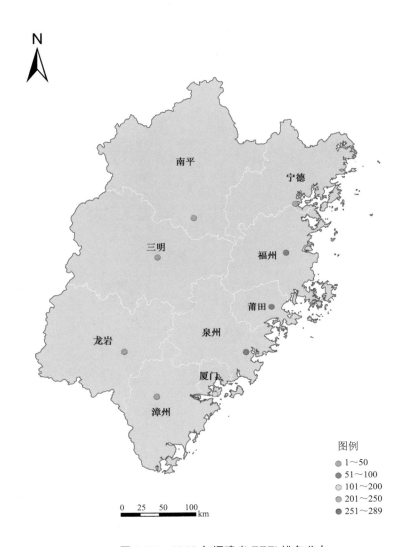

图 6-82　2016 年福建省 EEFI 排名分布

　　从图 6-82 可见，福建省影响城市生态环境友好指数所占权重最大的生态分指数排名情况较好。除厦门市外，其他城市的排名均前 100 位。厦门市位于第 122 位的主要原因是生态用地比例较低，仅为 48.3%。

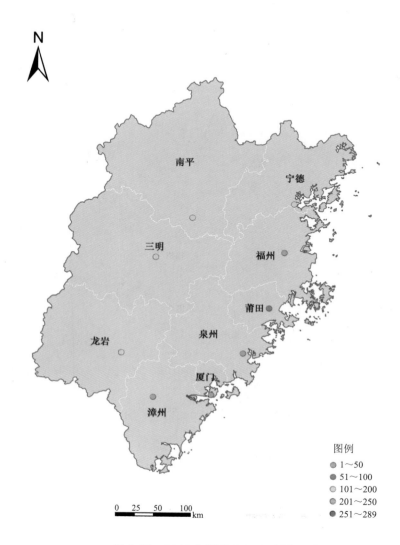

图 6-83   2016 年福建省 PEFI 排名分布

从图 6-83 可见，福建省生产分指数排名情况。分布在全国第 101～200 位的城市
数量占总数量的一半，该省份的这项分指数排名情况有一定的上升空间。排名在 100
位之后的城市的工业固体废物综合利用率较低，平均值仅为 48.7%。

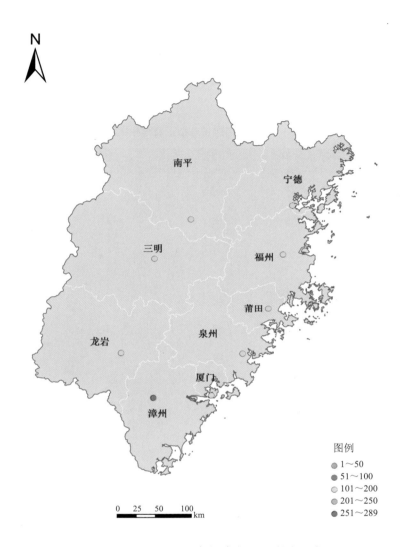

图 6-84　2016 年福建省 LEFI 排名分布

　　从图 6-84 可见，福建省生活分指数排名情况是三项分指数中最差的。漳州市排名位于全国第 283 位，其余城市均排在全国第 101～200 位。从三级具体指标来看，漳州市的生活污水集中处理率极低，仅为 35%。

6.11.2 2015—2016 年福建省总指数及三项分指数变化情况

2015—2016 年福建省总指数及分指数排名变化表 6-22。

表 6-22 2015—2016 年福建省总指数及分指数排名变化

城市	UEFI	EEFI	PEFI	LEFI
福州	1	−17	−8	45
厦门	4	−35	4	24
莆田	−20	1	16	−124
三明	−12	−1	−33	−55
泉州	1	19	−4	−77
漳州	−91	−7	−15	−55
南平	33	19	67	−21
龙岩	25	−7	104	3
宁德	−3	−23	−27	89

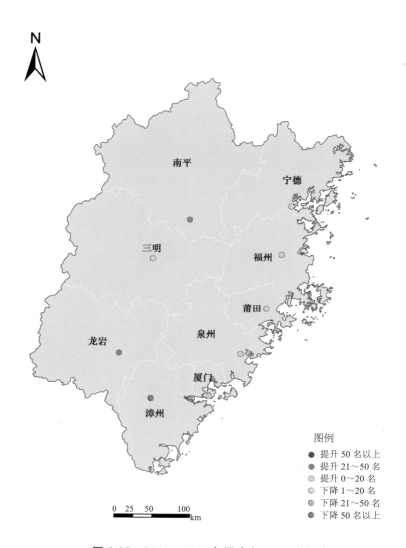

图 6-85　2015—2016 年福建省 UEFI 变化情况

从图 6-85 可见,2015—2016 年福建省城市生态环境友好指数排名变化情况较稳定,除了漳州市下降了 91 名外,其余城市均小幅下降或上升。其具体原因从三项分指数来进行说明。

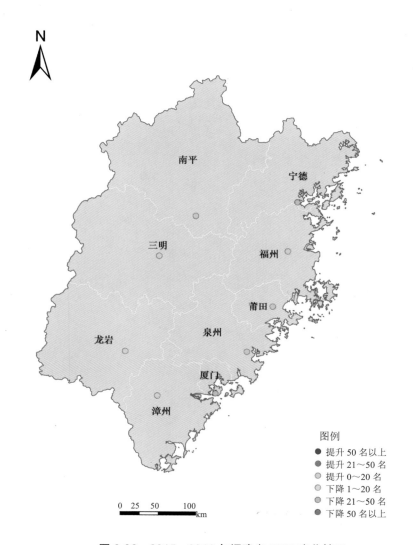

图 6-86　2015—2016 年福建省 EEFI 变化情况

　　从图 6-86 可见，2015—2016 年福建省城市生态分指数排名变化情况。除宁德和厦门两个城市下降幅度超过了 20 名外，其余城市的排名变化情况幅度较小。宁德和厦门下降的主要原因是空气质量达标天数比例的下降，分别下降了 2.1% 和 2.9%。

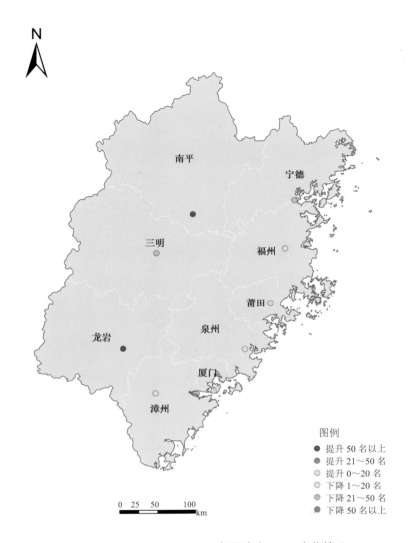

图 6-87　2015—2016 年福建省 PEFI 变化情况

　　从图 6-87 可见，2015—2016 年福建省城市生产分指数排名变化情况。宁德市排名下降了 23 名，三明市下降了 35 名，其余城市均小幅下降或上升。这两个城市生产分指数排名下降的原因主要是单位 GDP 的电耗的增加，分别增加了 2.8 万 kW·h/万元和 3.2 万 kW·h/万元。

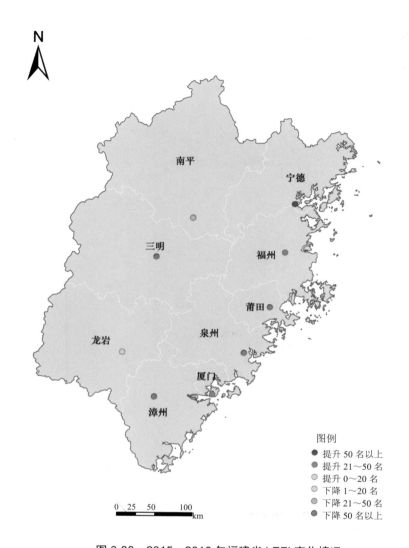

N

图例
● 提升 50 名以上
● 提升 21～50 名
○ 提升 0～20 名
○ 下降 1～20 名
○ 下降 21～50 名
● 下降 50 名以上

0 25 50   100
                km

图 6-88 2015—2016 年福建省 LEFI 变化情况

从图 6-88 可见，2015—2016 年福建省城市生活分指数排名变化情况。该项分指数的变化情况是三项分指数中最差的一项。半数城市的下降幅度超过了 50 位。莆田市的下降幅度最大，达到 124 名。从三级指标来看，其主要原因是生活垃圾无害化处理率的降低，莆田市的下降幅度达 9.5%。

6.12 江西省

6.12.1 2016 年江西省各项指数现状

2016 年江西省各项指数值及排名情况见表 6-23。

表 6-23 2016 年江西省各项指数值及排名情况

城市	UEFI	排名	EEFI	排名	PEFI	排名	LEFI	排名
南昌	49.8	125	47.4	203	54.1	58	53.5	58
景德镇	51.7	45	54.2	93	52.3	91	52.6	80
萍乡	50.6	82	51.1	153	51.4	112	54	44
九江	50	112	52.5	129	51	126	50.2	156
新余	49.6	135	52.8	122	51.6	107	47.7	218
鹰潭	50	112	51	155	53.4	67	49.7	177
赣州	47.8	198	53.8	99	46.7	247	45	253
吉安	50.6	82	55	77	48.3	218	51.7	107
宜春	47.1	226	52.6	128	44.7	268	46.3	242
上饶	49.9	117	53.5	108	47.7	238	52	100
抚州	46.6	243	51.9	141	45.6	260	44.6	258

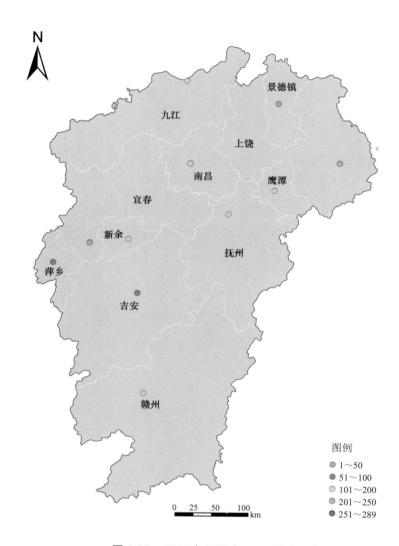

图 6-89　2016 年江西省 UEFI 排名分布

　　从图 6-89 可见，2016 年江西省城市生态环境友好指数排名分布情况。该省份的城市生态环境友好指数排名情况处于全国中等水平，平均排名为第 93。但有两个城市排在全国第 200 位之后，分别是宜春位于第 226 位，抚州位于第 243 位。从三项分指数来说明原因。

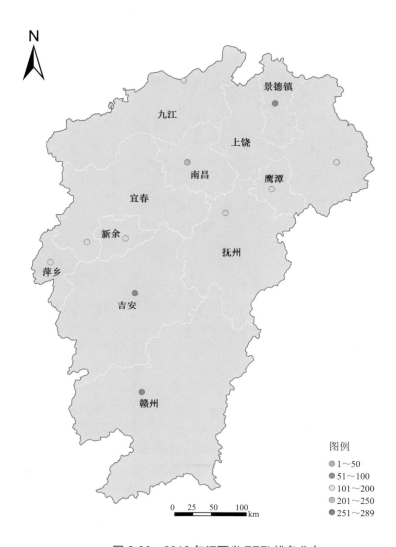

图 6-90　2016 年江西省 EEFI 排名分布

从图 6-90 可见，江西省影响城市生态环境友好指数所占权重最大的生态分指数排名情况。整体来看，除南昌市外，其余城市均位于全国前 200 位，南昌市排名较差的原因主要是酸雨频率较高，比全国平均值高 1.2%。

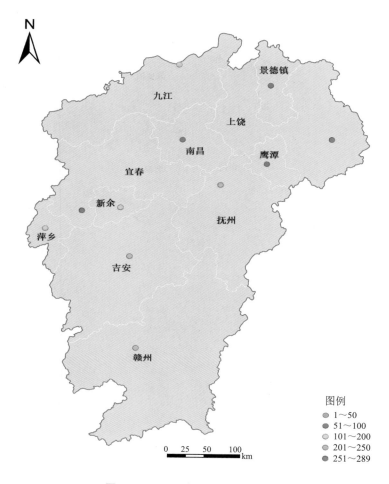

图例
● 1～50
● 51～100
○ 101～200
● 201～250
● 251～289

图 6-91　2016 年江西省 PEFI 排名分布

　　从图 6-91 可见，江西省生产分指数排名情况。整体来看，该区域的生产分指数排名为该区域三项分指数中最差，平均排名位于第 106。其中新余、抚州两个城市的排名位于全国第 250 位之后，其主要原因是该区域的单位废气污染物排放量较高，是全国平均值的 1.2 倍。

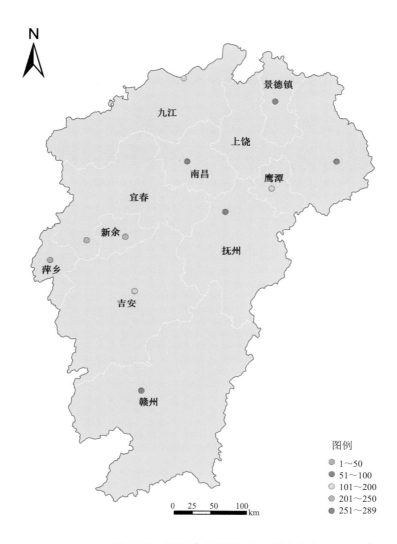

图 6-92　2016 年江西省 LEFI 排名分布

从图 6-92 可见，江西省生活分指数排名情况也相对较差，赣州和抚州两个城市排名位于全国第 250 位之后。其主要原因是该区域内城市平均水源地水质达标率较低，仅为 49.1%。

6.12.2 2015—2016 年江西省总指数及三项分指数变化情况

2015—2016 年江西省总指数及分指数排名变化见表 6-24。

表 6-24 2015—2016 年江西省总指数及分指数排名变化

城市	UEFI	EEFI	PEFI	LEFI
南昌	−47	−19	−8	−18
景德镇	46	23	13	94
萍乡	35	12	17	9
九江	−39	−16	−30	−24
新余	−85	−25	29	−191
鹰潭	−34	−3	−22	−30
赣州	−41	−29	−17	−5
吉安	−51	−34	−48	−67
宜春	−97	−73	−27	−5
上饶	−26	0	−80	23
抚州	−142	−23	−45	−207

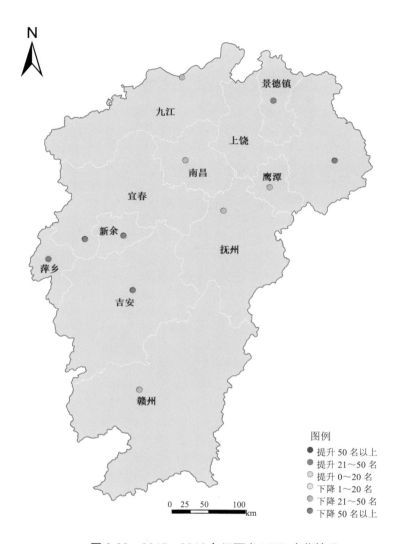

图 6-93   2015—2016 年江西省 UEFI 变化情况

从图 6-93 可见，2015—2016 年江西省城市生态环境友好指数排名变化情况较差。除萍乡和景德镇两个城市排名呈小幅上升外，其余城市的排名下降幅度均大于 20 位。其变化原因具体从三项分指数进行说明。

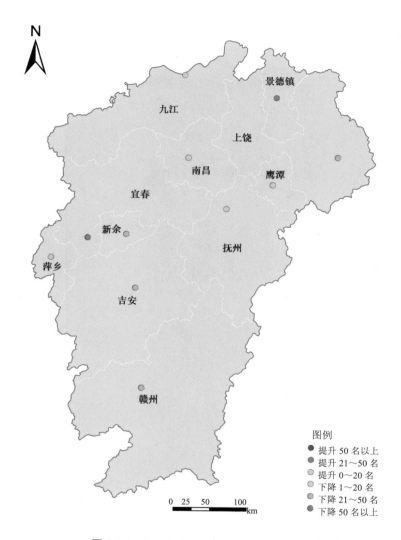

图 6-94　2015—2016 年江西省 EEFI 变化情况

　　从图 6-94 可见，2015—2016 年江西省城市生态分指数排名变化情况。仅有新余一个城市排名下降幅度超过了 50 名，其主要原因是新余市生态用地比例的下降，从 51.7%下降到了 50.1%，使生态分指数排名整体下降了 85 名。

图 6-95　2015—2016 年江西省 PEFI 变化情况

　　从图 6-95 可见，2015—2016 年江西省城市生产分指数排名变化情况。排名下降的城市数量多于排名上升的城市。其中，上饶市下降幅度最大，为 87 名，其主要原因是工业固体废物综合利用率的降低，从 51.9%下降到了 50.2%。且该省份该项指标平均值也较低，为 50.9%，低于全国平均水平。

图 6-96　2015—2016 年江西省 LEFI 变化情况

　　从图 6-96 可见，2015—2016 年江西省城市生活分指数排名变化是三项分指数变化情况中最差的。吉安、抚州、新余三个城市的排名下降幅度超过了 50 名。从三级指标来看，其主要原因是生活污水集中处理率的降低，平均值下降了 1.5%，且抚州市下降幅度最大，下降了 1.8%。

6.13 山东省

6.13.1 2016 年山东省各项指数现状

2016 年山东省各项指数值及排名情况见表 6-25。

表 6-25 2016 年山东省各项指数值及排名情况

城市	UEFI	排名	EEFI	排名	PEFI	排名	LEFI	排名
济南	48.4	181	39.8	269	58.4	14	54.8	29
青岛	51	65	50.1	169	59.3	11	48.3	202
淄博	46.6	243	38.9	272	54.2	56	54.3	38
枣庄	45.1	264	42.7	255	52.7	81	44.7	256
东营	45.2	262	36.7	281	52.9	78	53.7	50
烟台	51.6	47	52.2	138	55.1	39	52.1	93
潍坊	45.9	255	40.2	267	51.6	107	52.5	85
济宁	48.1	192	43.1	248	52.7	81	55	23
泰安	47.7	200	41.7	259	54.5	50	53.9	45
威海	53.2	11	54.1	94	55.5	34	54.6	32
日照	48.9	169	43.2	247	53	71	57.5	7
莱芜	48.4	181	43	251	48.7	207	60.7	2
临沂	47.1	226	43.7	244	52.5	87	50.7	142
德州	44.5	274	35.1	285	51.4	112	55	23
聊城	43.3	283	34.7	287	49.4	191	53.7	50
滨州	40.5	288	41	260	46.5	249	37.3	285
菏泽	43.6	281	36.5	282	49.9	166	51.6	114

图 6-97　2016 年山东省 UEFI 排名分布

　　从图 6-97 可见，2016 年山东省城市生态环境友好指数排名分布情况。整体来看，该区域城市生态环境友好指数排名在全国范围内处于中下等，大部分城市均排在了全国第 100 位之后，且排在第 200 位之后的城市数量较多。从三项分指数来说明原因。

　　从图 6-98 可见，山东省影响城市生态环境友好指数所占权重最大的生态分指数排名情况。整体来看，该项分指数排名情况较差。大部分城市都排在了第 250 位之后，仅有威海市排在了全国前 100 位。从三级具体指标来看，主要原因是该区域的空气质量达标天数比例较低，平均值仅为 39.7%，且其中德州市的该项指标仅为 26%。同时该省份的生态用地比例平均值也较低，为 38.1%，其中菏泽市的该项指标仅为 30.9%。空气质量达标天数比例和生态用地比例两项指标较低的情况使得该区域的生态分指数排名情况较差。

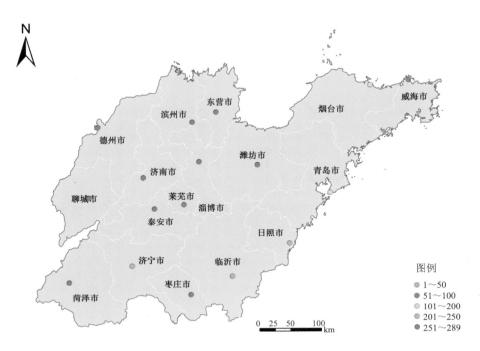

图 6-98　2016 年山东省 EEFI 排名分布

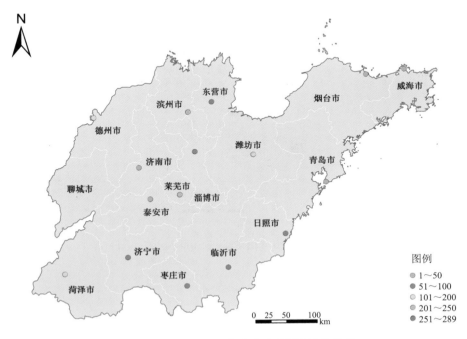

图 6-99　2016 年山东省 PEFI 排名分布

　　从图 6-99 可见，山东省生产分指数排名情况。整体来看，该区域的生产分指数排名情况较生态分指数排名情况好很多。超过半数城市的排名在全国第 100 位之前，其中青岛市排名最好，位于全国第 11 位。滨州、莱芜两个城市该项分指数排名位于全国第 200 位之后。从三级具体指标来看，造成它们排名靠后的原因主要是单位废气污染物的排放量过高，超出全国平均值 6.7%，同时单位 GDP 的资源消耗量也较大。

　　从图 6-100 可见，山东省生活分指数排名情况是该省份三项分指数情况中平均排名最高的。大部分城市均排在了全国前 100 位，仅有枣庄、滨州两个城市排在了全国第 250 位之后。它们排名靠后的原因主要是水源地水质达标率较低，分别为 21% 和 14%，而全国城市该项指标的平均值为 51%。

图 6-100　2016 年山东省 LEFI 排名分布

6.13.2　2015—2016 年山东省总指数及三项分指数变化情况

2015—2016 年山东省总指数及分指数排名变化表 6-26。

表 6-26　2015—2016 年山东省总指数及分指数排名变化

城市	UEFI	EEFI	PEFI	LEFI
济南	47	7	−4	127
青岛	8	16	0	−15
淄博	28	13	3	36
枣庄	18	13	20	16
东营	11	1	−10	75
烟台	163	23	11	189
潍坊	−12	2	−28	−14
济宁	18	14	20	−11
泰安	−9	−12	0	80
威海	14	8	5	8
日照	26	6	22	14
莱芜	60	0	28	21
临沂	2	13	6	−51
德州	6	−2	21	32
聊城	2	−3	−55	45
滨州	−5	10	−48	−41
菏泽	6	−4	−8	145

从图 6-101 可见，2015—2016 年山东省城市生态环境友好指数排名变化情况较好。除泰安、滨州、潍坊三个城市排名小幅下降外，其余城市均呈上升态势。其变化原因具体从三项分指数进行说明。

从图 6-102 可见，2015—2016 年山东省城市生态分指数排名情况。整体来看，该省份的变化幅度较小，除了烟台市上升幅度超过 20 名以外，其余城市排名上升或下降幅度均在 20 名以内，由此可见，山东省生态环境稳定情况较好。

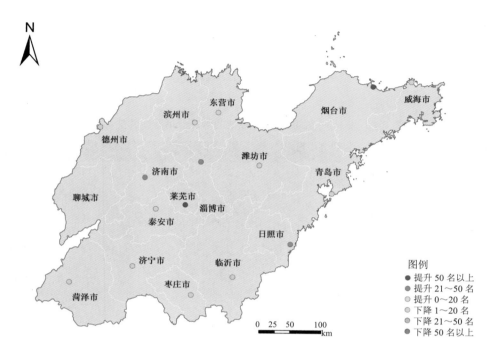

图 6-101　2015—2016 年山东省 UEFI 变化情况

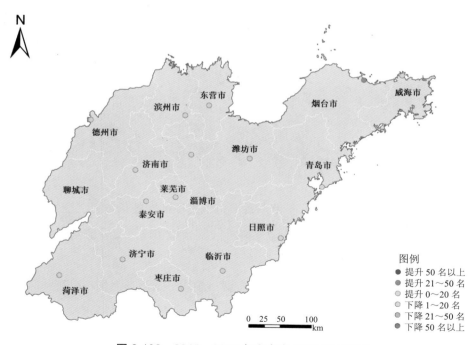

图 6-102　2015—2016 年山东省 EEFI 变化情况

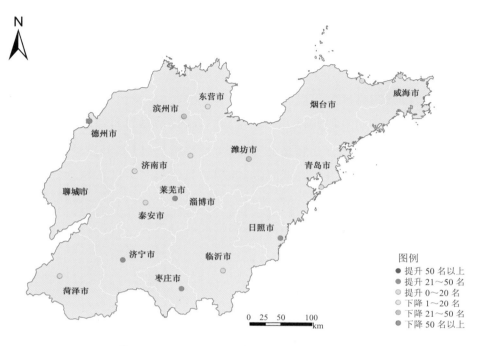

图 6-103 2015—2016 年山东省 PEFI 变化情况

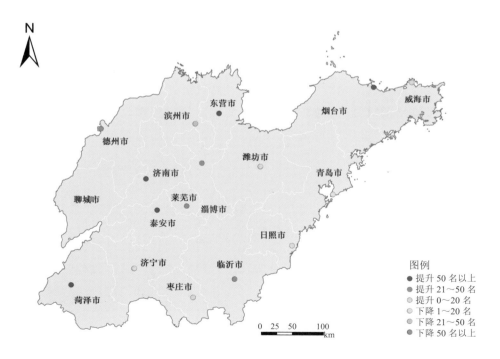

图 6-104 2015—2016 年山东省 LEFI 变化情况

从图 6-103 可见，2015—2016 年山东省城市生产分指数排名变化情况。大部分城市排名变化为上升。值得关注的是聊城市下降幅度较大，下降了 55 名。其主要原因是单位 GDP 电耗的增多，2016 年的该项指标值为 2015 年的 1.2 倍。故聊城应该关注资源的消耗，以保证城市的可持续发展。

从图 6-104 可见，2015—2016 年山东省城市生活分指数排名变化是该省份三项分指数中情况最好的，大部分城市都呈上升趋势，而临沂市却下降幅度较大，为 51 名。其主要原因是生活垃圾无害化处理率的显著降低，从 53% 下降到了 49.8%。

6.14　河南省

6.14.1　2016 年河南省各项指数现状

2016 年河南省各项指数值及排名情况见表 6-27。

表 6-27　2016 年河南省各项指数值及排名情况

城市	UEFI	排名	EEFI	排名	PEFI	排名	LEFI	排名
郑州	47.1	226	38.4	275	61.5	6	48.7	194
开封	46.8	237	42.8	254	52	95	51.6	114
洛阳	46.6	243	42.3	256	52.7	81	50.8	136
平顶山	47.1	226	43.5	245	51.8	102	52.1	93
安阳	43.3	283	37.9	277	49.8	172	48.3	202
鹤壁	44.6	273	38.7	274	49.6	182	52.1	93
新乡	44.8	270	37.1	280	51.9	100	52.8	73
焦作	45.1	264	39	271	49.5	187	53.7	50
濮阳	44.9	267	38.8	273	50.8	133	51.9	102
许昌	47.4	215	43.1	248	52.8	79	52.4	87
漯河	47.3	220	40.8	264	52.7	81	55.6	17
三门峡	47.3	220	46.8	214	48.1	226	51.8	105
南阳	47.1	226	46.5	220	50	162	49.5	181

城市	UEFI	排名	EEFI	排名	PEFI	排名	LEFI	排名
商丘	43.7	280	39.9	268	48.6	211	48.2	205
信阳	47.5	209	48.2	189	51.2	116	47	230
周口	45.4	259	42.3	256	49.6	182	50	165
驻马店	47.3	220	43.3	246	49.6	182	55.2	21

从图 6-105 可见，2016 年河南省城市生态环境友好指数排名分布情况。该省份的城市生态环境友好指数排名情况极差，所有城市排名均在 200 位之后，应引起足够的关注。从三项分指数来说明原因。

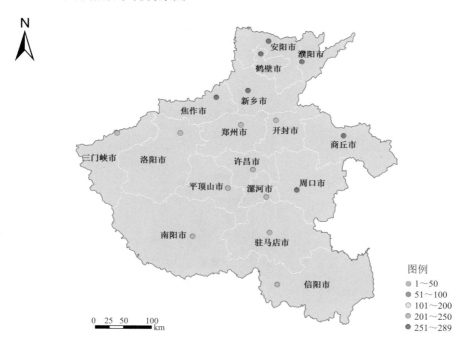

图 6-105　2016 年河南省 UEFI 排名分布

从图 6-106 可见，河南省影响城市生态环境友好指数所占权重最大的生态分指数排名情况。整体来看，该项分指数排名情况极差，除信阳市排在了全国第 189 位外，其余城市都排在了第 200 位之后。从三级具体指标具体来看，该区域的空气质量达标天数比例平均值极低，为全国最低区域，仅有 30.2%。除了空气质量达标天数比例以外，生态环境方面，其他三级指标值也较低。故河南省应该在环境治理方面加大力度。

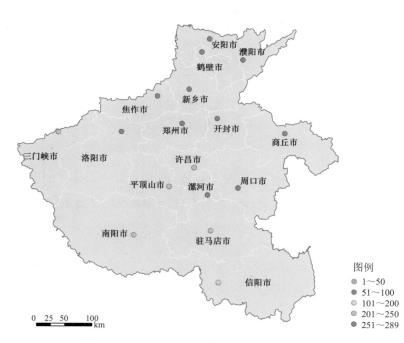

图 6-106   2016 年河南省 EEFI 排名分布

图 6-107   2016 年河南省 PEFI 排名分布

从图 6-107 可见，河南省生产分指数排名情况。整体来看，该区域的生产分指数排名情况好于生态分指数排名情况。除了三门峡市以外，其他城市均排在了全国前 200 位。由此可见，河南省较高的产能是以牺牲生态环境为代价，该现状有悖于城市发展的可持续发展战略。

图 6-108　2016 年河南省 LEFI 排名分布

从图 6-108 可见，河南省生活分指数排名情况较好。除安阳和商丘两个城市外，其余城市均排在了全国前 200 位。这两个城市生活分指数排名较差的原因主要是由于建成区绿化率较低，分别为 42% 和 41%。

6.14.2　2015—2016 年河南省总指数及三项分指数变化情况

2015—2016 年河南省总指数及分指数排名变化见表 6-28。

表 6-28　2015—2016 年河南省总指数及分指数排名变化

城市	UEFI	EEFI	PEFI	LEFI
郑州	-7	0	0	-57
开封	6	0	-8	68
洛阳	-119	-36	-10	-109
平顶山	21	16	48	-42
安阳	-10	-3	25	-102
鹤壁	0	-9	33	84
新乡	9	1	-29	67
焦作	0	0	-53	63
濮阳	-4	-1	-54	69
许昌	-5	17	-45	-34
漯河	18	9	36	-7
三门峡	-52	4	-92	-72
南阳	-31	4	-72	-7
商丘	-16	-5	-34	-61
信阳	-45	23	-9	-164
周口	11	3	-22	68
驻马店	23	6	51	4

图 6-109　2015—2016 年河南省 UEFI 变化情况

　　从图 6-109 可见，2015—2016 年河南省城市生态环境友好指数排名变化分布在各个区间均有一定数量，变化幅度相对较大。尤其三门峡和洛阳两个城市下降幅度超过了 50 名，分别为下降 52 名和下降 119 名。该项变化原因具体从三项分指数进行说明。

　　从图 6-110 可见，2015—2016 年河南省城市生态环境友好指数排名情况。整体来看，并没有较大的改观，且洛阳市下降幅度仍超过了 20 名。在生态环境基础较差的条件下，河南省更应该加大治理力度。

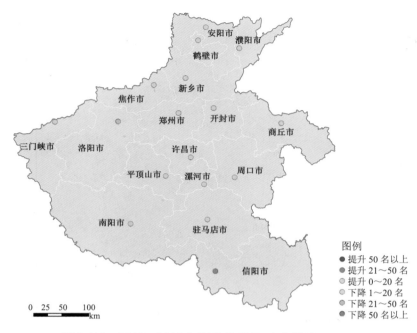

图 6-110　2015—2016 年河南省 EEFI 变化情况

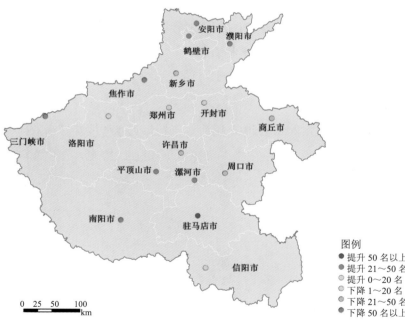

图 6-111　2015—2016 年河南省 PEFI 变化情况

从图 6-111 可见，2015—2016 年河南省城市生产分指数排名变化情况。该项分指数的变化情况较差。大部分城市均呈下降趋势，下降幅度超过 50 名的三门峡市、南阳市、濮阳市和焦作市的主要原因是工业固体废物综合利用率显著下降，平均值从 56% 下降到了 53%。

图 6-112　2015—2016 年河南省 LEFI 变化情况

从图 6-112 可见，2015—2016 年河南省城市生活分指数排名变化在各区间均有一定城市数量。三门峡市、洛阳市、郑州市、商丘市、信阳市共 5 个城市排名下降幅度超过 50 位。其主要原因是生活垃圾无害化处理率的下降，平均值从 57.1% 下降到了 54%。

6.15 湖北省

6.15.1 2016 年湖北省各项指数现状

2016 年湖北省各项指数值及排名情况见表 6-29。

表 6-29 2016 年湖北省各项指数值及排名情况

城市	UEFI	排名	EEFI	排名	PEFI	排名	LEFI	排名
武汉	52.2	31	46.5	220	63.4	3	53.4	62
黄石	47.5	209	50.9	158	53	71	41.1	271
十堰	50.8	72	55.2	74	50	162	50.3	154
宜昌	48.5	175	49.9	172	48.3	218	51.5	118
襄阳	47.8	198	48.2	189	49.8	172	49.8	173
鄂州	48.4	181	48.1	194	50.9	130	51	129
荆门	47.4	215	49.1	185	47.6	240	49.4	185
孝感	47.3	220	49.5	180	46.3	254	49.9	168
荆州	46.8	237	46.3	224	46.5	249	52.7	77
黄冈	47.5	209	51	155	47.8	235	46.7	237
咸宁	51.4	54	53.4	110	49.9	166	55.3	20
随州	49.2	150	50.5	164	50.7	136	50.4	151

从图 6-113 可见，2016 年湖北省城市生态环境友好指数排名分布情况。该省份的城市生态环境友好指数排名情况在全国城市范围内处于中等，其中武汉市总指数排名情况最好，排在了全国第 31 位。从三项分指数来说明原因。

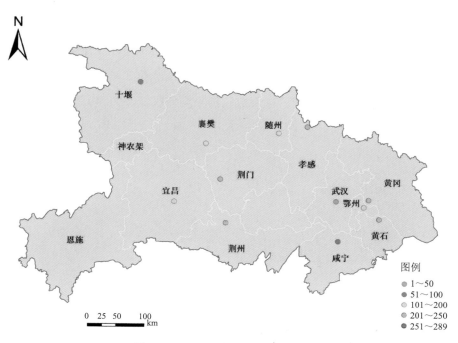

图 6-113 2016 年湖北省 UEFI 排名分布

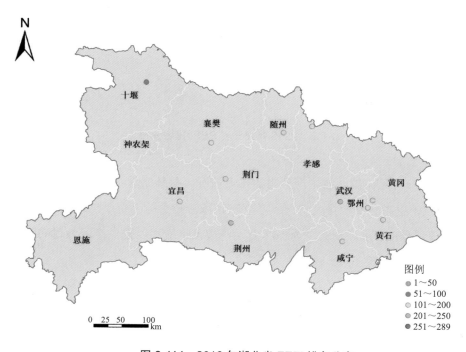

图 6-114 2016 年湖北省 EEFI 排名分布

从图 6-114 可见，湖北省影响城市生态环境友好指数所占权重最大的生态分指数排名情况。整体来看，该项分指数排名情况稍差，除了十堰市排在了全国第 74 位以外，其余城市都排在了第 100 位之后，但没有排在全国第 250 位之后的城市。从三级具体指标具体来看，该省份的空气质量达标天数比例平均值极低，为 40.2%，低于全国城市该项指标的平均值。

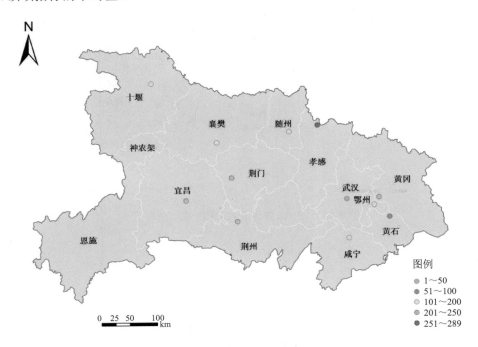

图 6-115　2016 年湖北省 PEFI 排名分布

从图 6-115 可见，湖北省生产分指数排名情况。整体来看，该区域的生产分指数排名情况略差于生态分指数排名情况。孝感市该项分指数排名位于全国第 254 位，其主要原因是单位 GDP 水耗较大，为 56 t/万元，故该市应在以提供产能为目的的同时，避免水资源的过度消耗。

从图 6-116 可见，湖北省生活分指数排名情况较另外两个分指数略好。除了黄石市以外，其余城市均排在了全国前 200 位。黄石市的建成区绿化率较低是其排名落后的主要原因，具体数值为 42%，低于全国城市该项指标的平均值，且生活环境方面，其他指标值也并不高。

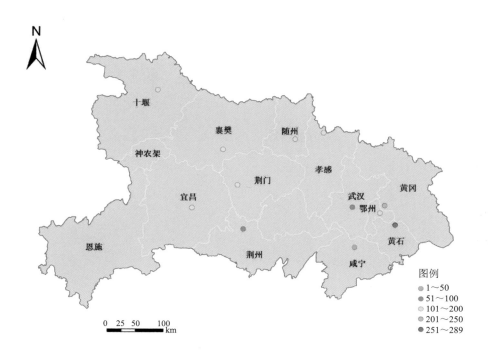

图 6-116　2016 年湖北省 LEFI 排名分布

6.15.2　2015—2016 年湖北省总指数及三项分指数变化情况

2015—2016 年湖北省总指数及分指数排名变化见表 6-30。

表 6-30　2015—2016 年湖北省总指数及分指数排名变化

城市	UEFI	EEFI	PEFI	LEFI
武汉	30	23	−2	57
黄石	−52	7	13	−50
十堰	37	13	24	24
宜昌	9	−14	−15	69
襄阳	22	11	−2	53
鄂州	27	12	14	64
荆门	13	19	−58	47
孝感	47	40	−39	102

城市	UEFI	EEFI	PEFI	LEFI
荆州	46	7	18	197
黄冈	11	4	−93	31
咸宁	97	19	77	95
随州	−41	−1	−28	−77

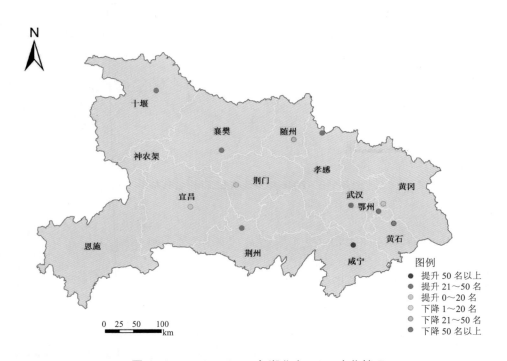

图 6-117　2015—2016 年湖北省 UEFI 变化情况

　　从图 6-117 可见，2015—2016 年湖北省城市生态环境友好指数排名情况。除黄石市和随州市外，其他城市排名均上升，咸宁市上升幅度最大，为 97 名。该项其变化原因具体从三项分指数进行说明。

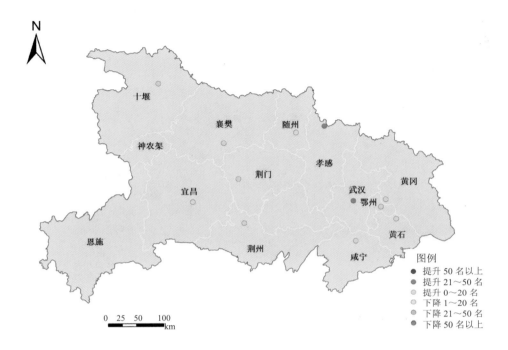

N

十堰

襄樊   随州

神农架

荆门   孝感   黄冈

宜昌   武汉
            鄂州

恩施   荆州   咸宁   黄石

0 25 50   100
              km

图例
● 提升 50 名以上
● 提升 21～50 名
○ 提升 0～20 名
○ 下降 1～20 名
● 下降 21～50 名
● 下降 50 名以上

图 6-118   2015—2016 年湖北省 EEFI 变化情况

从图 6-118 可见，2015—2016 年湖北省城市生态分指数排名情况较好，除了宜昌和随州两个城市排名小幅下降以外，其余城市均呈小幅上升。由此，湖北省 2015—2016 年生态状况基本保持稳定。

从图 6-119 可见，2015—2016 年湖北省城市生产分指数排名变化情况。其中，荆门市和黄冈市排名下降幅度超过了 50 名，分别为下降 58 名和 93 名。其主要原因是单位 GDP 废气污染物排放量增多，平均值比 2015 年增加了 2.4 t/万元。其他城市该项指标平均值的变化也呈小幅增加趋势，故湖北省应注重废气污染物排放量的比例，改善并提高生产环境友好度。

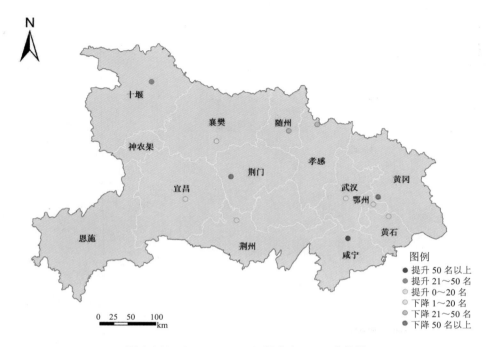

图 6-119　2015—2016 年湖北省 PEFI 变化情况

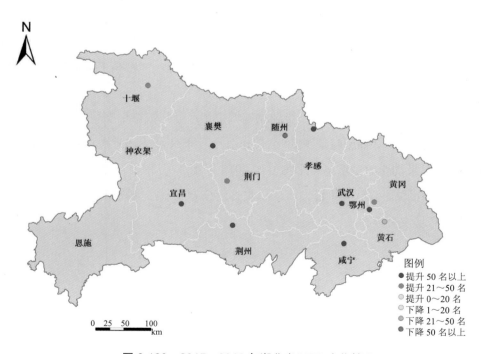

图 6-120　2015—2016 年湖北省 LEFI 变化情况

从图 6-120 可见，2015—2016 年湖北省城市生活分指数排名变化是三项分指数变化情况中最好的。除了随州市和黄石市呈下降以外，其余城市排名均上升，且提升幅度超过 50 名的城市数量超过城市总数量的 50%。随州市和黄石市生活分指数排名下降的主要原因是饮用水水源地水质达标率降低，分别降低了 2.3% 和 1.9%，故这两个城市应该注重饮用水水源地水质的改善，以提高生活环境友好度。

6.16 湖南省

6.16.1 2016 年湖南省各项指数现状

2016 年湖南省各项指数值及排名情况见表 6-31。

表 6-31 2016 年湖南省各项指数值及排名情况

城市	UEFI	排名	EEFI	排名	PEFI	排名	LEFI	排名
长沙	50.4	95	46	227	59.6	7	51.6	114
株洲	49.9	117	48.1	194	53.1	69	53.9	45
湘潭	50.1	107	47.2	206	54.6	48	54.4	35
衡阳	48.9	169	51.8	142	50.3	151	48	214
邵阳	48.4	181	50.2	168	46.9	246	52.1	93
岳阳	50.5	88	52.7	126	51.5	109	51.4	120
常德	50.8	72	52.4	130	54.7	46	49.2	186
张家界	53.4	6	57.3	40	55.1	39	51.1	125
益阳	48.6	172	50.5	164	51.8	102	47.1	229
郴州	49.8	125	52.3	133	50.7	136	50.2	156
永州	50.3	100	53	119	49	202	52.8	73
怀化	50.5	88	56.2	60	48.7	207	49.1	188
娄底	50.5	88	52.3	133	49.4	191	54.2	41

从图 6-121 可见，2016 年湖南省城市生态环境友好指数排名分布情况。该省份的城市生态环境友好指数排名情况较好，所有城市都排在了全国前 200 位，张家界市排名最好，位于第 6 位。从三项分指数来说明原因。

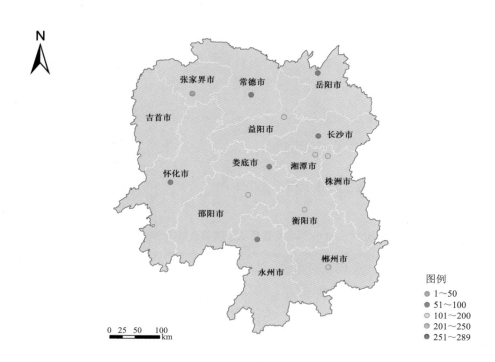

图 6-121　2016 年湖南省 UEFI 排名分布

从图 6-122 可见，湖南省影响城市生态环境友好指数所占权重最大的生态分指数排名情况。整体来看，除了长沙市和湘潭市，其余城市都排在了第 200 位之前。从三级指标具体来看，长沙市和湘潭市排名较靠后的原因是这两个城市的酸雨频率较高，平均值为 59.1，高于全国平均水平。

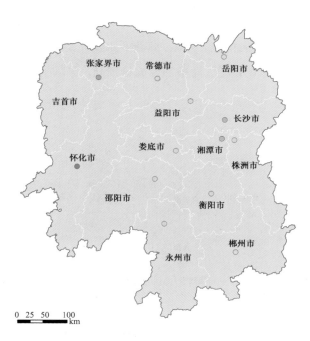

图 6-122　2016 年湖南省 EEFI 排名分布

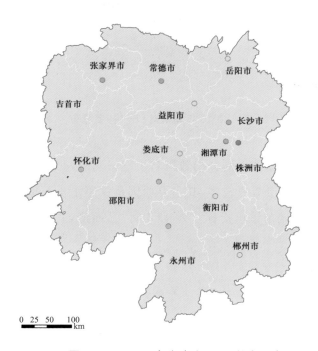

图 6-123　2016 年湖南省 PEFI 排名分布

　　从图 6-123 可见，湖南省生产分指数排名情况。整体来看，该区域的生产分指数排名情况略差于生态分指数排名情况。怀化、邵阳、永州三个城市排名均在全国第 200位之后，其主要原因是单位 GDP 废气污染物排放量较高，平均值为 52 t/万元，高于全国平均值。

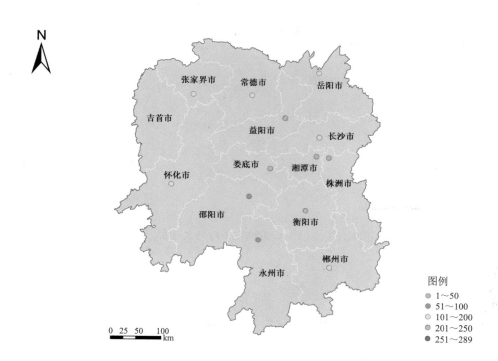

图 6-124　2016 年湖南省 LEFI 排名分布

　　从图 6-124 可见，湖南省生活分指数排名情况较另外两个分指数略差。排名位于全国第 200 位之后的城市数量较多。其主要原因是饮用水水源地水质达标率较低，排名位于 200 位之后的城市该项指标仅为 43.4%，从而影响了这些城市的生活分指数排名。

6.16.2　2015—2016 年湖南省总指数及三项分指数变化情况

2015—2016 年湖南省总指数及分指数排名变化见表 6-32。

表 6-32　2015—2016 年湖南省总指数及分指数排名变化

城市	UEFI	EEFI	PEFI	LEFI
长沙	−5	1	0	1
株洲	12	−2	21	18
湘潭	41	−8	27	69
衡阳	26	−9	48	30
邵阳	20	−27	5	116
岳阳	36	19	5	27
常德	−9	−2	22	−91
张家界	25	17	134	−102
益阳	79	12	82	46
郴州	−78	−69	8	−99
永州	32	12	47	−33
怀化	63	70	−57	28
娄底	126	22	36	200

从图 6-125 可见，2015—2016 年湖南省城市生态环境友好指数排名情况。除郴州市外，其他城市排名均上升或者小幅下降，娄底市上升幅度最大，为 127 名。该项其变化原因具体从三项分指数进行说明。

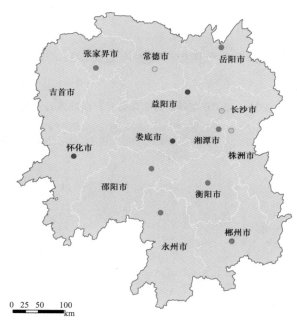

图 6-125　2015—2016 年湖南省 UEFI 变化情况

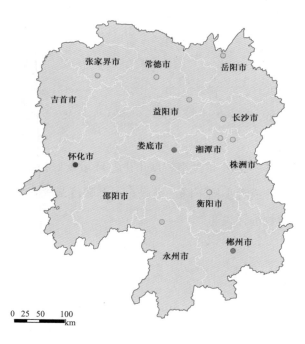

图 6-126　2015—2016 年湖南省 EEFI 变化情况

从图 6-126 可见，2015—2016 年湖南省城市生态分指数排名情况相对较好，除了郴州市下降 69 名、邵阳市下降 27 名以外，其他城市均小幅下降或上升。郴州市排名下降的原因主要是城市空气质量达标天数比例下降，从 56.4% 下降到了 54.1%；邵阳市下降幅度超过 20 名的原因主要是生态用地比例的下降，下降幅度超过了 3%。

图 6-127   2015—2016 年湖南省 PEFI 变化情况

从图 6-127 可见，2015—2016 年湖南省城市生产分指数排名变化情况较好。除了怀化市以外，其余城市排名均上升。而怀化市生产分指数排名下降了 57 名的主要原因是工业固废综合利用率的降低，从 52.2% 下降到了 50.1%，应予以关注。

从图 6-128 可见，2015—2016 年湖南省城市生活分指数排名变化是三项分指数变化情况中最差的。郴州、常德、张家界三个城市排名下降幅度均超过了 50 名，其主要原因是这三个城市的生活垃圾无害化处理率的降低，平均值从 53.6% 下降到了 52.1%，且张家界市的该项指标下降幅度最大，下降幅度超过了 3%。

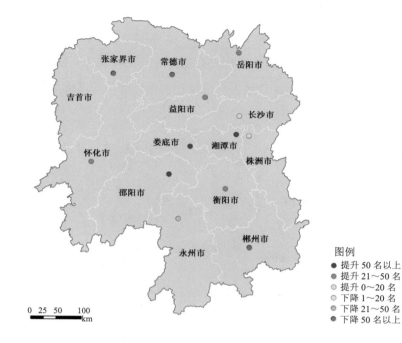

图例
● 提升 50 名以上
● 提升 21～50 名
○ 提升 0～20 名
○ 下降 1～20 名
● 下降 21～50 名
● 下降 50 名以上

图 6-128 　2015—2016 年湖南省 LEFI 变化情况

6.17 　广东省

6.17.1 　2016 年广东省各项指数现状

2016 年广东省各项指数值及排名情况见表 6-33。

表 6-33 　2016 年广东省各项指数值及排名情况

城市	UEFI	排名	EEFI	排名	PEFI	排名	LEFI	排名
广州	53.7	5	52.7	126	61.7	5	51.7	107
韶关	51.6	47	57	46	49.7	177	51.1	125
深圳	50.4	95	44.2	239	62.7	4	50.9	131
珠海	53.2	11	54	96	54.5	50	55.9	16
汕头	51.4	54	54.5	87	52.7	81	50.6	145

城市	UEFI	排名	EEFI	排名	PEFI	排名	LEFI	排名
佛山	51.4	54	52.3	133	54.6	48	51.7	107
江门	50.5	88	53.9	98	50.6	142	50.3	154
湛江	52.4	29	56.3	59	52.8	79	51.4	120
茂名	52.7	22	58.8	22	53.9	59	47.6	219
肇庆	49	164	54.6	85	48	229	46.7	237
惠州	53.9	4	59.1	20	52	95	53.8	48
梅州	52.8	19	59.8	16	48.5	214	52.7	77
汕尾	51	65	60.4	9	50.3	151	42.9	264
河源	52.5	27	61.4	6	50.6	142	46.8	234
阳江	52.6	25	57.8	35	50.8	133	52.1	93
清远	49.1	160	53.6	104	48.1	226	48.6	195
东莞	50.8	72	49.8	174	55.4	35	52.3	90
中山	52.6	25	55	77	56.7	22	49.8	173
潮州	51.8	39	58.7	25	51.2	116	47.6	219
揭阳	46.9	234	56.4	58	49.3	194	35	287
云浮	50.5	88	59	21	45.5	261	48.6	195

从图 6-129 可见，2016 年广东省城市生态环境友好指数排名分布情况。该省份的城市生态环境友好指数排名情况较好，仅有揭阳一个城市排在了全国第 200 位之后，为第 234 位。从三项分指数来说明原因。

从图 6-130 可见，广东省影响城市生态环境友好指数所占权重最大的生态分指数排名情况。整体来看，除了深圳市，其余城市都排在了第 200 位之前。从三级指标来看，深圳市排名较差的原因是空气质量综合指数 I_{sum} 值过高，为 61.9，而空气质量综合指数越高则代表该地区空气质量越差。

从图 6-131 可见，广东省生产分指数排名情况。整体来看，该区域的生产分指数排名情况略差于生态分指数排名情况，平均排名位于第 117 位。其中云浮市的排名位于全国第 261 位，其主要原因是该市的工业固体废物综合利用率较低，仅为 44.9%。

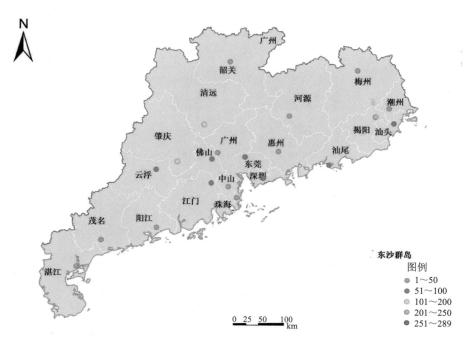

图 6-129　2016 年广东省 UEFI 排名分布

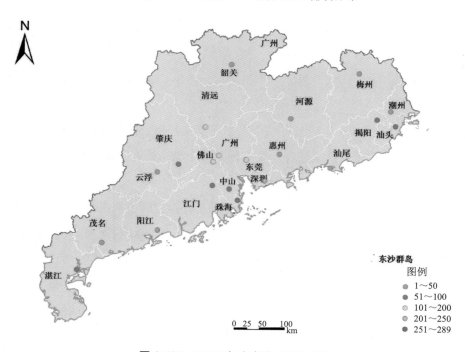

图 6-130　2016 年广东省 EEFI 排名分布

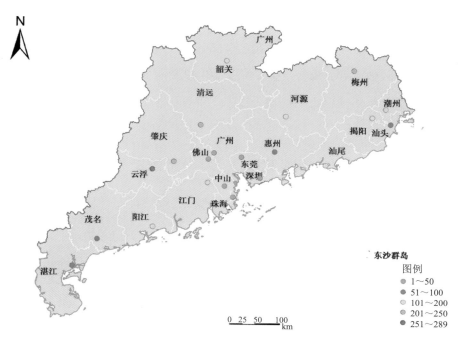

图 6-131　2016 年广东省 PEFI 排名分布

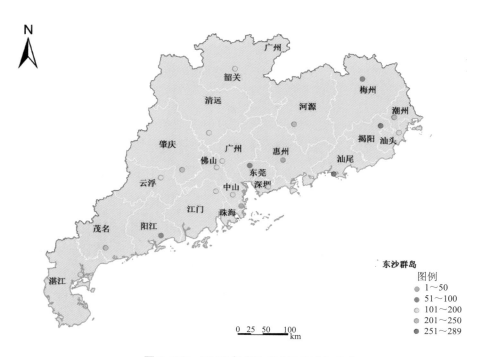

图 6-132　2016 年广东省 LEFI 排名分布

从图 6-132 可见，广东省生活分指数排名情况较另外两个分指数略差。平均排名为第 154 位。揭阳、汕尾两个城市均排在了全国第 250 位之后，其主要原因是饮用水水源地水质达标率较低，两个城市分别为 47.9%和 47.5%。同时，广东省噪声相关指数平均值为全国最低，平均值仅为 37.1%，可见广东省在噪声的控制方面处于全国领先水平。

6.17.2　2015—2016 年广东省总指数及三项分指数变化情况

2015—2016 年广东省总指数及分指数排名变化见表 6-34。

表 6-34　2015—2016 年广东省总指数及分指数排名变化

城市	UEFI	EEFI	PEFI	LEFI
广州	7	−10	0	18
韶关	−17	−6	−41	−59
深圳	−17	4	−2	−12
珠海	−1	−29	7	2
汕头	87	46	31	73
佛山	7	−7	5	25
江门	17	−15	38	48
湛江	−4	−16	−3	−16
茂名	7	6	25	−37
肇庆	4	−10	−39	26
惠州	8	−2	6	67
梅州	28	−1	−4	89
汕尾	−21	2	35	−66
河源	9	−3	−34	16
阳江	53	49	7	54
清远	31	−22	−23	78
东莞	71	−4	12	147

城市	UEFI	EEFI	PEFI	LEFI
中山	0	−16	8	25
潮州	49	27	49	16
揭阳	−83	−20	−74	−4
云浮	−2	−7	0	20

从图 6-133 可见，2015—2016 年广东省城市生态环境友好指数排名情况。除了揭阳市排名下降幅度较大，下降了 83 位以外，其他城市排名均上升或者小幅下降，汕头市上升幅度最大，为 87 位。该项其变化原因具体从三项分指数进行说明。

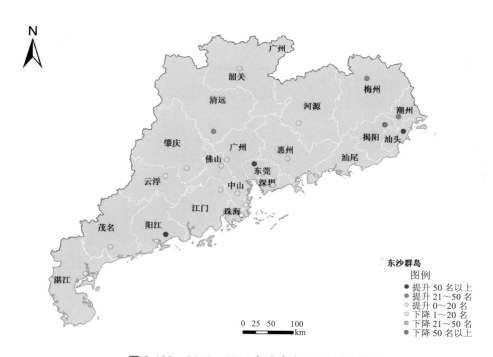

图 6-133　2015—2016 年广东省 UEFI 变化情况

从图 6-134 可见，2015—2016 年广东省城市生态分指数排名情况相对较好，除了清远和珠海两个城市排名下降幅度超过了 20 名以外，其余城市均小幅下降或上升。清远和珠海的下降原因均主要是空气质量达标天数比例的下降，分别下降了 2.2% 和 2.7%。

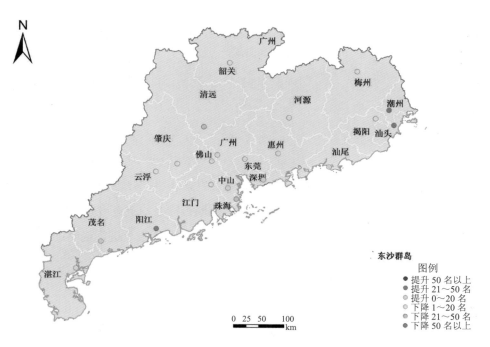

图 6-134　2015—2016 年广东省 EEFI 变化情况

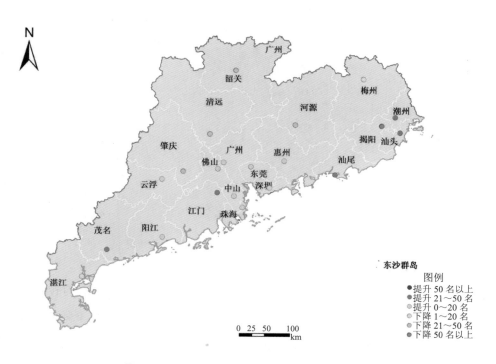

图 6-135　2015—2016 年广东省 PEFI 变化情况

从图 6-135 可见，2015—2016 年广东省城市生产分指数排名变化情况略差于生态分指数。排名下降幅度超过 20 位的城市数量较多，且揭阳市下降幅度较大，下降了 74 位。这些下降幅度较大的城市的主要原因是单位土地经济产出下降，平均下降了 3.2%，这样的下降证明广东省的产能有下降趋势，应引起足够的关注，以提高生产分指数平均排名。

从图 6-136 可见，2015—2016 年广东省城市生活分指数排名变化是三项分指数变化情况中最好的。仅有 3 个城市下降幅度超过了 20 位，且上升幅度超过 50 位的城市数量较多，共有 6 个城市，约占城市总数量的 29%。排名下降幅度较大的汕尾、韶关、茂名三个城市的主要原因是生活饮用水水源地水质达标率的下降，平均值从 2015 年的 51.8%下降到了 2016 年的 50.1%，其中下降幅度最大的是汕尾市，下降了 2.3%。

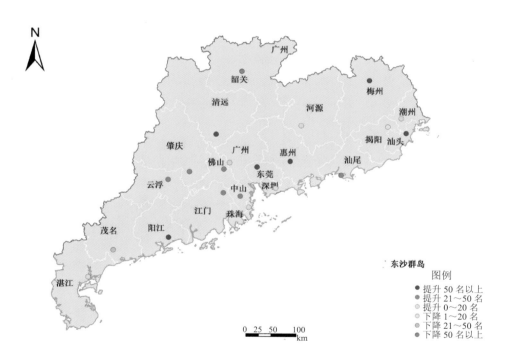

图 6-136　2015—2016 年广东省 LEFI 变化情况

6.18 广西壮族自治区

6.18.1 2016年广西壮族自治区各项指数现状

2016年广西壮族自治区各项指数值及排名情况见表6-35。

表6-35 2016年广西壮族自治区各项指数值及排名情况

城市	UEFI	排名	EEFI	排名	PEFI	排名	LEFI	排名
南宁	53.3	9	57.9	34	52.1	92	53.3	64
柳州	51.2	60	53.4	110	51.8	102	52.4	87
桂林	50	112	52.4	130	50.2	154	51.4	120
梧州	51.8	39	59.6	17	49.7	177	47.9	215
北海	51	65	56.9	50	52.4	88	45.8	248
防城港	53.3	9	61.8	3	49.7	177	50.1	163
钦州	50.6	82	57	46	49.8	172	47.2	226
贵港	50.1	107	56.7	52	47.8	235	48.1	210
玉林	51.6	47	58.3	30	49.7	177	48.9	190
百色	51.5	52	60	13	43.9	271	52.5	85
贺州	49.1	160	59.5	18	47.9	232	39.9	277
河池	51.9	36	58.8	22	48.5	214	50.6	145
来宾	49.8	125	57.1	43	46.2	257	48.1	210
崇左	50.8	72	58.7	25	48	229	47.3	224

从图6-137可见，2016年广西壮族自治区城市生态环境友好指数排名分布情况。该省份的城市生态环境友好指数排名情况较好，超过70%数量的城市排名在全国前100位，南宁、防城港市排名并列位于全国第9位。桂林、来宾、贵港、贺州4个城市排名在该区域内较差，位于全国第100位之后。从三项分指数来说明原因。

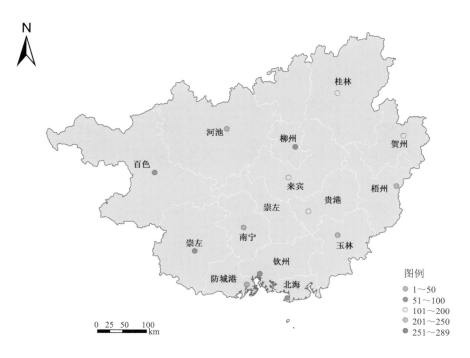

图 6-137　2016 年广西壮族自治区 UEFI 排名分布

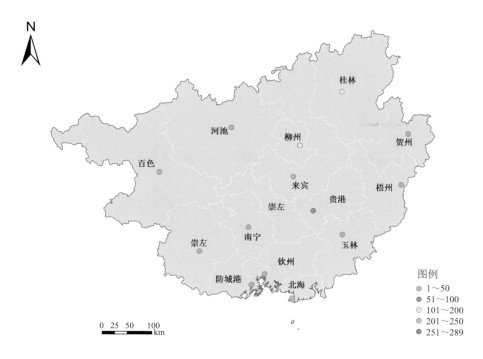

图 6-138　2016 年广西壮族自治区 EEFI 排名分布

　　从图 6-138 可见，广西壮族自治区影响城市生态环境友好指数所占权重最大的生态分指数排名情况。整体来看，除了柳州、桂林两个城市以外，其余城市均位于全国前 100 位，且排在全国前 50 位的城市数量超过总数量的 90%。足以说明，广西的自然生态条件优越，且人为保护及治理力度较大。从三级指标具体来看，广西的生态用地比例处于全国范围内领先位置，也是使得广西的生态分指数平均排名为第 69 位的原因。桂林、柳州两个城市排名相对落后的主要原因空气质量达标天数比例较该区域的其他城市略差，分别为 51.1% 和 50.2%，而该区域的平均值为 52.6%。

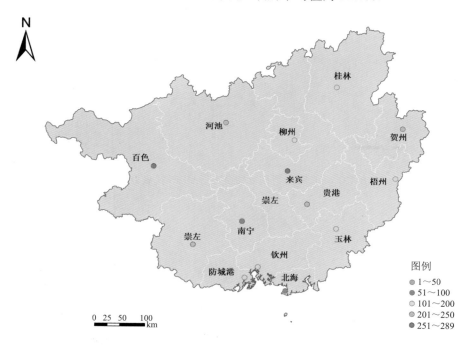

图 6-139　2016 年广西壮族自治区 PEFI 排名分布

　　从图 6-139 可见，广西壮族自治区生产分指数排名情况。整体来看，该区域的生产分指数排名为该区域三项分指数中最差，平均排名位于第 185 位。其中百色、来宾两个城市的排名位于全国第 250 位之后，其主要原因是该区域的单位土地经济产出较低，仅为全国平均水平的 65%，故广西应在环境承载力范围内，优化产业结构以提升产能。

　　从图 6-140 可见，广西壮族自治区生活分指数排名情况也相对较差，排名位于全国第 200 位之后的城市数量较多，平均排名为 176 位。尤其贺州市，排名位于全国第 277 位。其主要原因是该区域内城市平均饮用水水源地水质达标率较低,仅为 48.9%。

图 6-140　2016 年广西壮族自治区 LEFI 排名分布

6.18.2　2015—2016 年广西壮族自治区总指数及三项分指数变化情况

2015—2016 年广西壮族自治区总指数及分指数排名变化见表 6-36。

表 6-36　2015—2016 年广西壮族自治区总指数及分指数排名变化

城市	UEFI	EEFI	PEFI	LEFI
南宁	22	15	−18	81
柳州	127	−40	10	199
桂林	−58	−38	−48	−40
梧州	1	2	−27	−28
北海	26	−9	2	21
防城港	54	5	−9	98
钦州	−26	−8	−52	−8

城市	UEFI	EEFI	PEFI	LEFI
贵港	88	15	−2	65
玉林	2	22	−54	−43
百色	80	30	−7	121
贺州	−43	9	13	−25
河池	8	33	5	−120
来宾	−29	17	3	−109
崇左	6	5	−19	−3

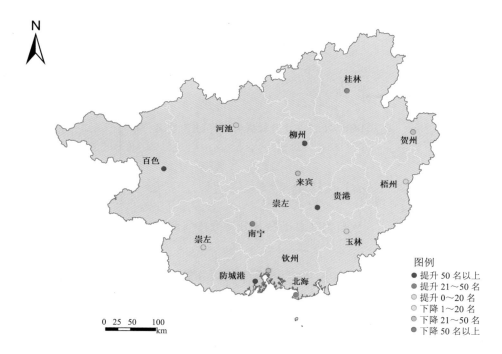

图 6-141　2015—2016 年广西壮族自治区 UEFI 变化情况

从图 6-141 可见，2015—2016 年广西壮族自治区城市生态环境友好指数排名情况。桂林、来宾、贺州、钦州 4 个城市的排名下降幅度超过了 20 名，下降幅度最大的是桂林市，为 58 名。其变化原因具体从三项分指数进行说明。

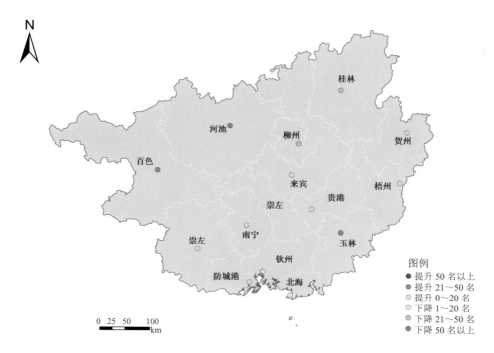

图例
- 提升 50 名以上
- 提升 21~50 名
- 提升 0~20 名
- 下降 1~20 名
- 下降 21~50 名
- 下降 50 名以上

图 6-142　2015—2016 年广西壮族自治区 EEFI 变化情况

　　从图 6-142 可见，2015—2016 年广西城市生态分指数排名变化情况相对较好，除了桂林和柳州两个城市排名下降幅度超过了 20 位以外，其余城市均呈小幅下降或上升情况。柳州和桂林的下降原因均主要是空气质量达标天数比例的下降，分别下降了 1.2%和 1.3%。

　　从图 6-143 可见，2015—2016 年广西壮族自治区城市生产分指数排名变化情况较差。排名下降幅度超过 20 位的城市数量较多，且钦州市、玉林市下降幅度最大，分别下降了 52 位、54 位。其主要原因是单位 GDP 电耗的上升，分别上升了 3.2 万 kW·h/万元、3.4 万 kW·h/万元。

　　从图 6-144 可见，2015—2016 年广西壮族自治区城市生活分指数排名变化是三项分指数变化情况中最差的。排名下降的城市数量多于排名上升的城市，且河池、来宾两个城市下降幅度超过了 50 位，分别下降了 120 位和 109 位。其主要原因是生活垃圾集中处理率的下降，分别下降了 4.1%和 3.9%，显著的下降幅度导致了这两个城市生活分指数的下降。

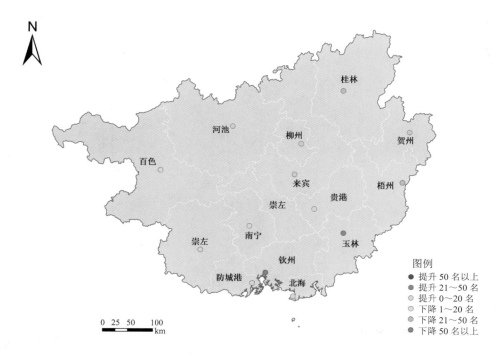

图 6-143　2015—2016 年广西壮族自治区 PEFI 变化情况

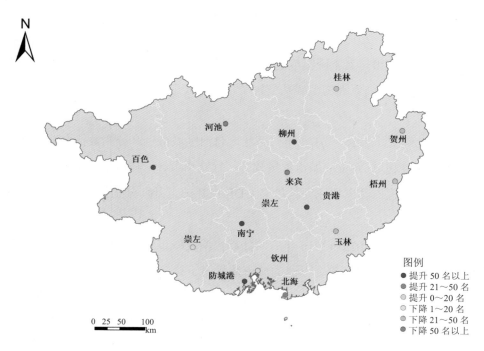

图 6-144　2015—2016 年广西壮族自治区 LEFI 变化情况

6.19　海南省

6.19.1　2016 年海南省各项指数现状

2016 年海南省各项指数值及排名情况见表 6-37。

表 6-37　2016 年海南省各项指数值及排名情况

城市	UEFI	排名	EEFI	排名	PEFI	排名	LEFI	排名
海口	53.4	6	55.7	67	57	20	51.3	124
三亚	54.6	2	61.5	5	54.3	55	50.4	151

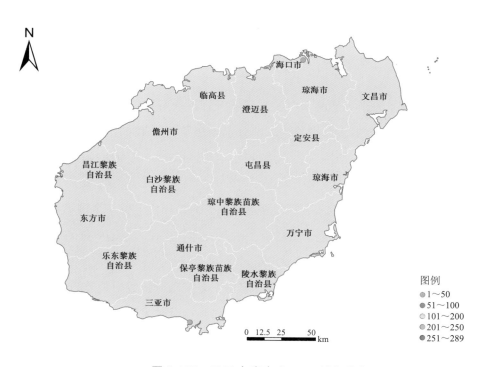

图 6-145　2016 年海南省 UEFI 排名分布

从图 6-145 可见，2016 年海南城市生态环境友好指数排名分布情况。海口市、三亚市的排名分别为第 6 位、第 2 位，排名位于全国领先位置。从三项分指数来说明原因。

图 6-146　2016 年海南省 EEFI 排名分布

从图 6-146 可见，海南省影响城市生态环境友好指数所占权重最大的生态分指数排名情况。海口、三亚市生态分指数较高，分别排在了全国第 67 位、第 5 位。海口市排名与三亚市相比较差的原因是生态用地比例相差 16%。其余指标，两个城市间相差甚微。

从图 6-147 可见，海南省生产分指数排名情况。海口市排名位于全国第 20 位，三亚市位于第 55 位。值得注意的是，虽然两个城市的排名较好，但是单位 GDP 废气排放量仍然处于较高值，平均值超过 50 t/万元。

从图 6-148 可见，海南省生活分指数排名情况是三项分指数中最差的。海口市、三亚市分别位于全国第 124 位、第 151 位。从三级指标具体来看，海口市排名较差的原因是建成区绿化率较低，仅为 49.1%。三亚市则是由于生活污水集中处理率仅为 41.3%。

图 6-147　2016 年海南省 PEFI 排名分布

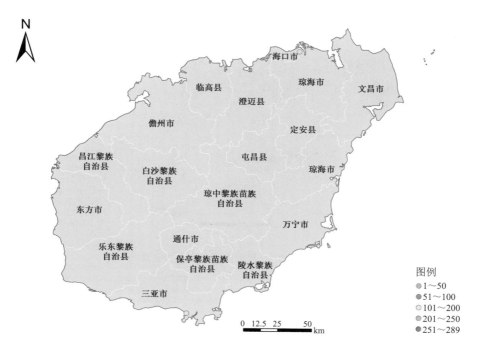

图 6-148　2016 年海南省 LEFI 排名分布

6.19.2 2015—2016 年海南省总指数及三项分指数变化情况

2015—2016 年海南省总指数及分指数排名变化见表 6-38。

表 6-38 2015—2016 年海南省总指数及分指数排名变化

城市	UEFI	EEFI	PEFI	LEFI
海口	0	−32	5	32
三亚	10	−3	6	104

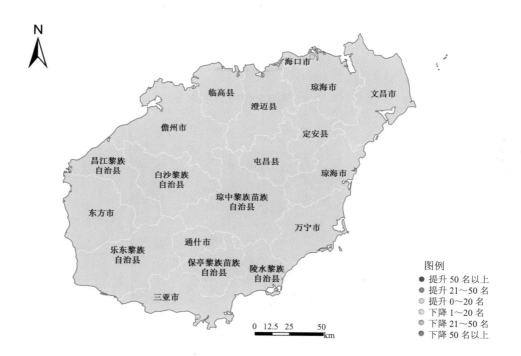

图 6-149 2015—2016 年海南省 UEFI 变化情况

从图 6-149 可见，2015—2016 年海南省城市生态环境友好指数排名变化情况较稳定，海口市排名情况保持稳定，三亚市则提升了 10 名。从三项分指数来进行具体说明。

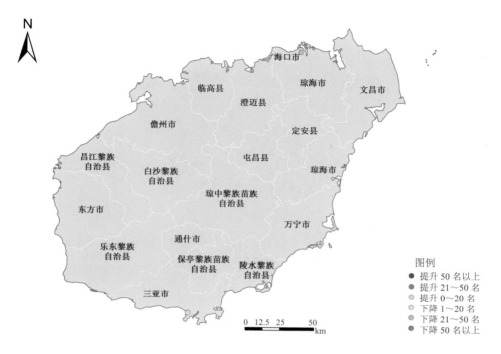

图 6-150　2015—2016 年海南省 EEFI 变化情况

　　从图 6-150 可见，2015—2016 年海南省城市生态分指数排名变化情况。两个城市分别下降了 32 名和 3 名。海口市下降幅度相对较大的原因是空气质量达标天数比率的下降，下降幅度为 1.3%。而三亚市的各项指标基本保持稳定。

　　从图 6-151 可见，2015—2016 年海南省城市生产分指数排名变化情况。海口市和三亚市均呈小幅上升，各项指标基本保持稳定。

　　从图 6-152 可见，2015—2016 年海南省城市生活分指数排名变化情况。海口市排名上升了 32 名，三亚市上升幅度较大，为 104 名。三亚市排名上升幅度较大的原因是生活污水集中处理率的上升，上升了 2.3%，但是三亚市该项指标值 2016 年仍然较低，应加大改善力度。

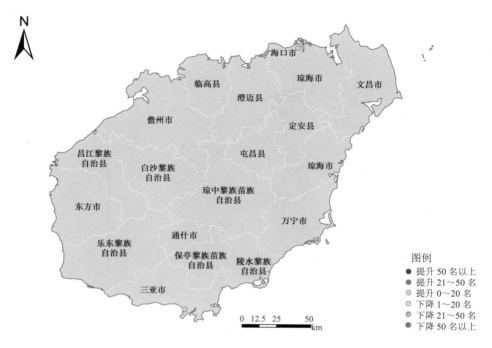

图 6-151　2015—2016 年海南省 PEFI 变化情况

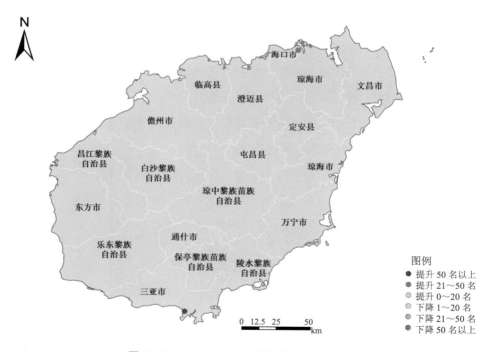

图 6-152　2015—2016 年海南省 LEFI 变化情况

6.20 贵州省

6.20.1 2016 年贵州省各项指数现状

2016 年贵州省各项指数值及排名情况见表 6-39。

表 6-39　2016 年贵州省各项指数值及排名情况

城市	UEFI	排名	EEFI	排名	PEFI	排名	LEFI	排名
贵阳	51.8	39	57.1	43	52.4	88	48.6	195
六盘水	51.8	39	57.7	36	50.1	158	50.2	156
遵义	50.6	82	53.2	116	49.8	172	52.8	73
安顺	52.4	29	60.4	9	52.1	92	46.2	244
毕节	51.1	63	59.2	19	49.6	182	46	245
铜仁	50.8	72	60	13	45.4	262	48.2	205

从图 6-153 可见，2016 年贵州省城市生态环境友好指数排名情况。整体来看，贵州省所有城市均排在了全国前 100 位，其中，安顺市排名最好，位于第 29 位。从三项分指数具体说明。

从图 6-154 可见，贵州省影响城市生态环境友好指数所占权重最大的生态分指数排名情况较好。除了遵义市以外，其他城市的排名均前 100 位。遵义市位于第 122 位的主要原因是生态用地比例较低，仅为 48.3%。

从图 6-155 可见，贵州省生产分指数排名情况较好。该项分指数的排名情况较差，尤其是铜仁市，位于全国第 262 位。其主要原因是铜仁市的单位 GDP 化学需氧量和烟（粉）尘排放较高，分别位 53.9 t/万元和 54.9 t/万元。

从图 6-156 可见，贵州省生活分指数排名情况较好。该项分指数的排名情况较差，仅遵义市排名位于全国前 100 位。其主要原因是贵州省的生活垃圾处理率平均值较低，仅为 49.7%。

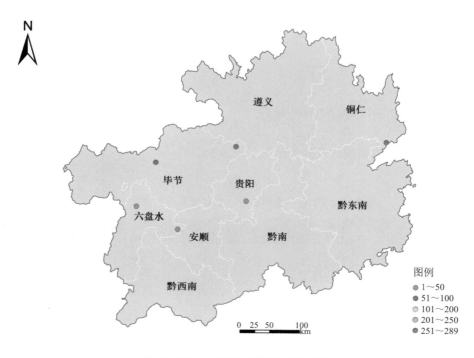

图 6-153　2016 年贵州省 UEFI 排名分布

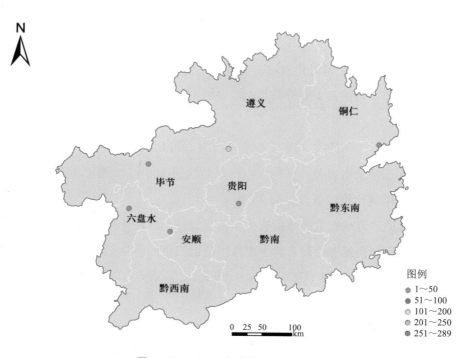

图 6-154　2016 年贵州省 EEFI 排名分布

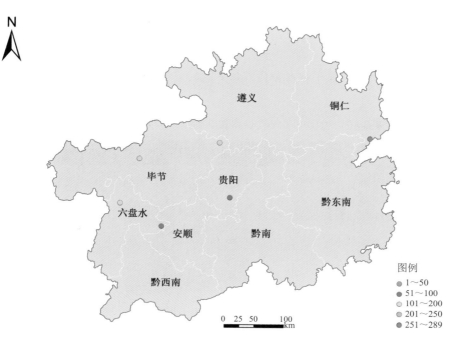

图 6-155　2016 年贵州省 PEFI 排名分布

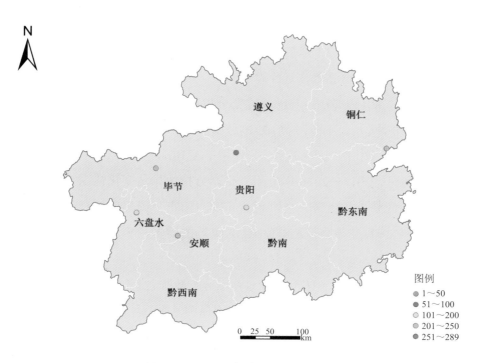

图 6-156　2016 年贵州省 LEFI 排名分布

6.20.2　2015—2016 年贵州省总指数及三项分指数变化情况

2015—2016 年贵州省总指数及分指数排名变化见表 6-40。

表 6-40　2015—2016 年贵州省总指数及分指数排名变化

城市	UEFI	EEFI	PEFI	LEFI
贵阳	−35	−7	−63	−91
六盘水	17	−8	−14	70
遵义	−63	−86	−74	18
安顺	−17	7	35	−166
毕节	−38	5	−2	−165
铜仁	60	−4	20	−18

从图 6-157 可见，2015—2016 年贵州省城市生态环境友好指数排名变化情况。遵义市下降幅度为 63 位，是全省下降幅度最大的城市。毕节市和贵阳市下降幅度也超过了 20 名。具体原因从三项分指数来进行说明。

从图 6-158 可见，2015—2016 年贵州省生态分指数排名变化情况。除了遵义市以外，其他城市变化幅度均不大，上升或下降均在 20 位以内。遵义市下降了 86 名，主要原因是遵义市空气质量达标天数比例下降幅度较大，下降了近 10%。

从图 6-159 可见，2015—2016 年贵州省生产分指数排名变化情况。除了安顺市以外，其他城市变化情况均下降，尤其遵义市和贵阳市下降幅度超过了 50 位，分别为 74 名和 63 名。其主要原因是单位 GDP 电耗的增多，平均增加了 5 万 kW·h/万元。

从图 6-160 可见，2015—2016 年贵州省生活分指数排名变化情况。毕节、安顺、贵阳三个城市的下降幅度均超过了 50 位。其主要原因是生活垃圾集中处理率的下降，平均值下降了 8.6%，其中安顺市和毕节市下降幅度最大，该项指标的下降幅度均超过了 15%。

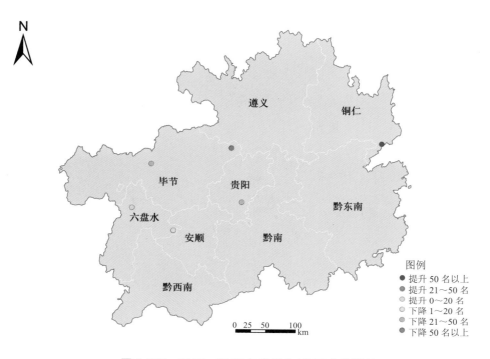

图 6-157　2015—2016 年贵州省 UEFI 变化情况

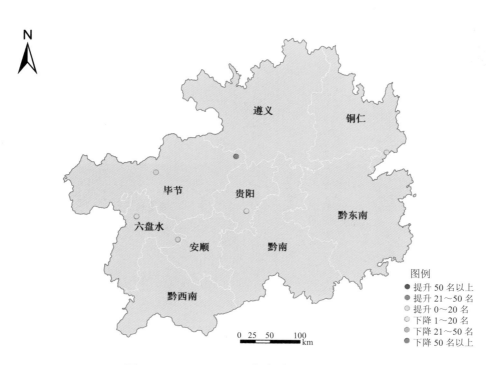

图 6-158　2015—2016 年贵州省 EEFI 变化情况

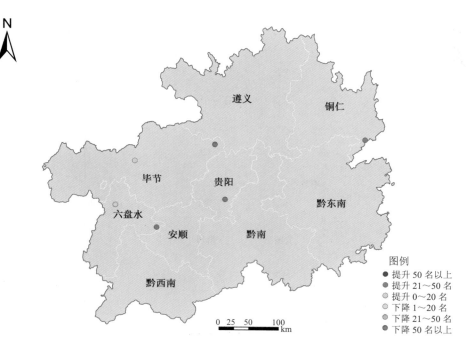

图 6-159　2015—2016 年贵州省 PEFI 变化情况

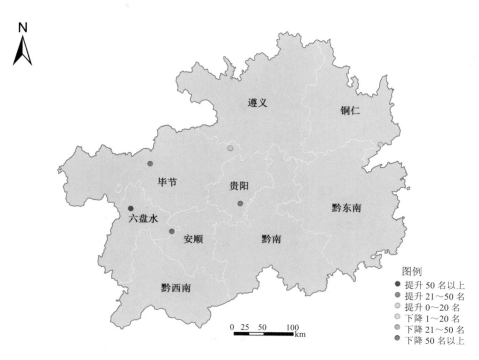

图 6-160　2015—2016 年贵州省 LEFI 数变化情况

6.21 云南省

6.21.1 2016 年云南省各项指数现状

2016 年云南省各项指数值及排名情况见表 6-41。

表 6-41 2016 年云南省各项指数值及排名情况

城市	UEFI	排名	EEFI	排名	PEFI	排名	LEFI	排名
昆明	53	17	57	46	55.4	35	49.8	173
曲靖	51.1	63	58.2	32	47.6	240	49.6	180
玉溪	53.2	11	58.8	22	50	162	53.7	50
保山	53.1	16	60.2	12	50.3	151	50.9	131
昭通	49.9	117	58.5	28	48.3	218	43.9	260
丽江	54.4	3	62.4	2	49.3	194	53.7	50
普洱	52.1	32	61.6	4	45	265	51.1	125
临沧	51.5	52	60.3	11	48.2	224	47.5	221

从图 6-161 可见，2016 年云南省城市生态环境友好指数排名情况。整体来看，云南省排名情况较好，平均排名为全国第 39，仅有昭通一个城市排在了全国第 100 位之后。从三项分指数具体说明。

从图 6-162 可见，云南省影响城市生态环境友好指数所占权重最大的生态分指数排名情况较好。云南省所有城市都排在了全国第 50 位之前，故该省的生态分指数平均排名处于全国范围内领先位置，平均排名为第 19 位。

从图 6-163 可见，云南省生产分指数排名情况。整体来看，平均排名比较靠后，为第 186 位。普洱市排名最差，为全国第 264 位。云南省生产分指数排名较差的主要原因是单位 GDP 水耗较高，平均值为全国的 1.6 倍，同时该省的单位土地经济产出也较低，平均值仅为 43.2 万元/km^2。

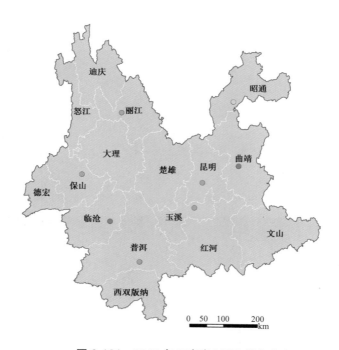

图 6-161　2016 年云南省 UEFI 排名分布

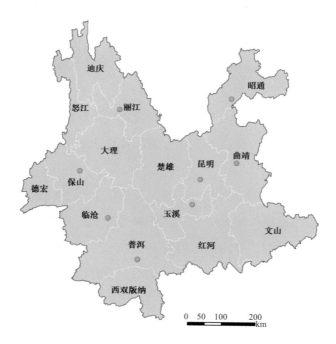

图 6-162　2016 年云南省 EEFI 排名分布

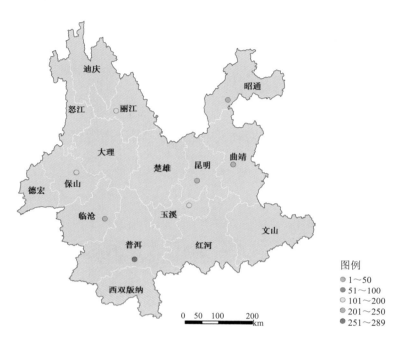

图 6-163　2016 年云南省 PEFI 排名分布

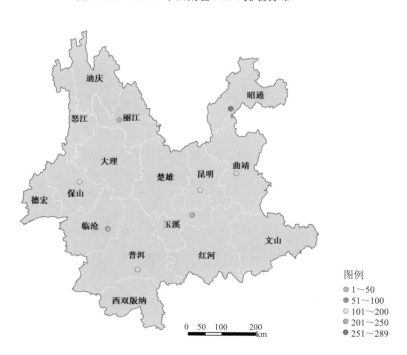

图 6-164　2016 年云南省 LEFI 排名分布

从图 6-164 可见，云南省生活分指数排名情况。整体来看，平均排名比较靠后，为第 149 位。昭通市排名最差，为全国第 260 位。云南省生活分指数排名较差的主要原因是区域环境噪声较高，平均值达到 65dB（A），为全国最高区域，故云南省应该注意区域噪声问题。

6.21.2　2015—2016 年云南省总指数及三项分指数变化情况

2015—2016 年云南省总指数及分指数排名变化见表 6-42。

表 6-42　2015—2016 年云南省总指数及分指数排名变化

城市	UEFI	EEFI	PEFI	LEFI
昆明	14	−5	41	−17
曲靖	−58	−6	−80	−173
玉溪	28	−6	31	90
保山	36	10	−7	103
昭通	−12	2	1	−8
丽江	−2	−1	−115	−4
普洱	−25	−1	−62	−96
临沧	−31	2	−59	−117

从图 6-165 可见，2015—2016 年云南省城市生态环境友好指数排名变化情况。曲靖市的排名下降幅度最大，下降了 58 位。整体来看，排名下降的城市数量大于排名上升的城市数量。其具体原因从三项分指数来说明。

从图 6-166 可见，2015—2016 年云南省生态分指数排名变化情况。该项分指数的变化幅度各城市均在 20 位以内，保持着较好的稳定性，且该省份的平均排名在全国处于领先位置。

从图 6-167 可见，2015—2016 年云南省生产分指数排名变化情况。该项分指数变化情况较差，丽江、临沧、普洱、曲靖四个城市下降幅度均超过了 50 名以上。其主要原因是单位土地经济产出平均值的下降，其下降幅度为 4 万元/km^2。

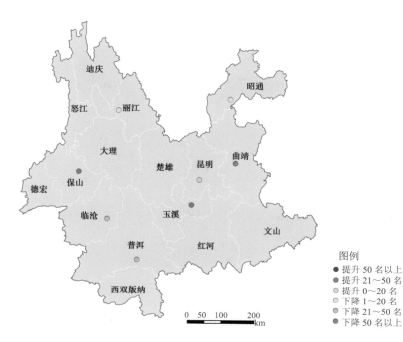

图 6-165　2015—2016 年云南省 UEFI 变化情况

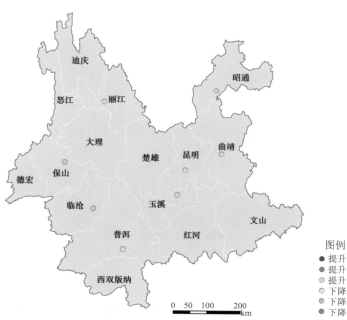

图 6-166　2015—2016 年云南省 EEFI 变化情况

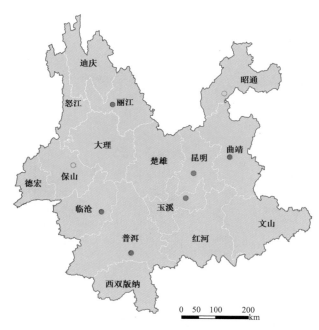

图 6-167　2015—2016 年云南省 PEFI 变化情况

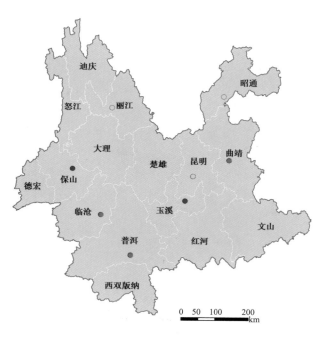

图 6-168　2015—2016 年云南省 LEFI 变化情况

从图 6-168 可见,2015—2016 年云南省生活分指数排名变化情况。该项分指数变化情况也相对较差,临沧、普洱、曲靖三个城市下降幅度均超过了 50 名以上。其主要原因是区域环境噪声平均值的升高,升高幅度为 5dB(A)。

6.22 陕西省

6.22.1 2016 年陕西省各项指数现状

2016 年陕西省各项指数值及排名情况见表 6-43。

表 6-43　2016 年陕西省各项指数值及排名情况

城市	UEFI	排名	EEFI	排名	PEFI	排名	LEFI	排名
西安	47.7	200	42.9	252	58	16	48.1	210
铜川	43.9	277	41	260	48.5	214	47.4	223
宝鸡	50.3	100	50.4	166	48.9	205	56.6	10
咸阳	46	253	40.9	263	53	71	50.2	156
渭南	44.4	276	40.6	265	50.1	158	48.3	202
延安	48.4	181	51.3	150	50.7	136	46.5	240
汉中	50.2	102	54.1	94	50	162	49.9	168
榆林	49.9	117	52.8	122	50.7	136	49.9	168
安康	51.6	47	56.5	56	49.5	187	52	100
商洛	49.8	125	56.6	54	48	229	46.8	234

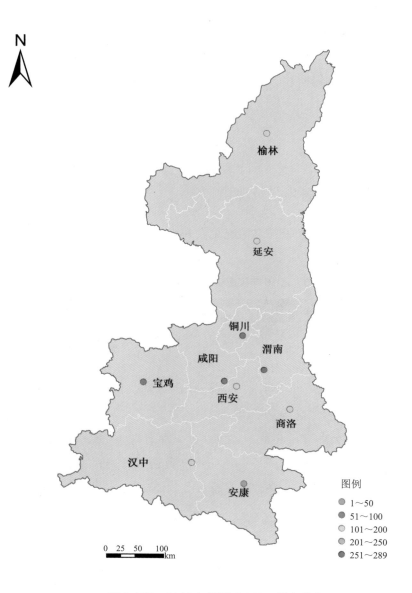

图 6-169　2016 年陕西省 UEFI 排名分布

从图 6-169 可见，2016 年陕西省城市生态环境友好指数排名分布情况。该省份的城市生态环境友好指数排名情况较差，平均排名为第 168 名。仅有安康和宝鸡两个城市排在全国第 100 位之前，分别是安康位于第 47 位，宝鸡位于第 100 位。从三项分指数来说明原因。

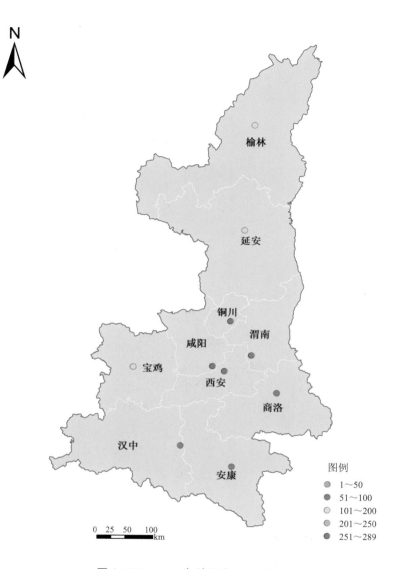

图 6-170　2016 年陕西省 EEFI 排名分布

从图 6-170 可见，陕西省影响城市生态环境友好指数所占权重最大的生态分指数排名情况。整体来看，该省份的生态分指数排名位于 250 位之后的城市数量较多，将近占城市总数量的 1/3。从三级指标具体来看，铜川、咸阳、西安、渭南的生态用地比例较低，平均值为 37.8%。陕西省处于黄土高原，自然条件相对恶劣，故更应加大治理力度，改善生态环境。

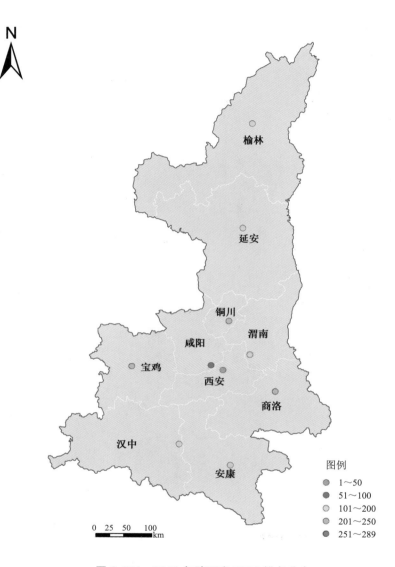

图 6-171　2016 年陕西省 PEFI 排名分布

从图 6-171 可见，陕西省生产分指数排名情况。整体来看，该区域的生产分指数排名好于生态分指数排名，平均排名位于第 151 位。其中新余、抚州两个城市的排名位于全国第 250 位之后，其主要原因是该区域的单位废气污染物排放量较高，是全国平均值的 1.2 倍。

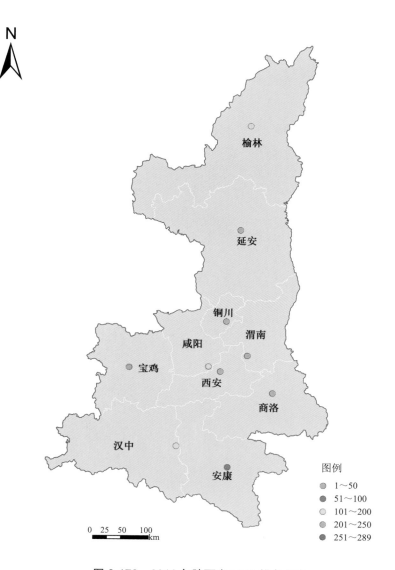

N

榆林

延安

铜川
渭南
咸阳
宝鸡　　　西安
　　　　　商洛

汉中
　　　安康

图例
○ 1～50
● 51～100
○ 101～200
● 201～250
● 251～289

0　25　50　　100
　　　　　　　　km

图 6-172　2016 年陕西省 LEFI 排名分布

　　从图 6-172 可见，陕西省生活分指数排名情况也相对较差，排名位于 200 位之后的城市数量超过一半，且平均排名为 171 名，是该省的三项分指数中排名最差的。其主要原因是该区域内城市平均饮用水水源地水质达标率较低，仅为 47.3%。

6.22.2 2015—2016 年陕西省总指数及三项分指数变化情况

2015—2016 年陕西省总指数及分指数排名变化见表 6-44。

表 6-44　2015—2016 年陕西省总指数及分指数排名变化

城市	UEFI	EEFI	PEFI	LEFI
西安	−131	−52	5	−170
铜川	−45	−27	42	−163
宝鸡	64	−42	9	188
咸阳	−83	−69	52	−52
渭南	−44	−55	100	−62
延安	−125	6	−79	−207
汉中	−81	−24	−18	−165
榆林	19	4	4	37
安康	−31	9	−73	−96
商洛	−47	−2	1	−78

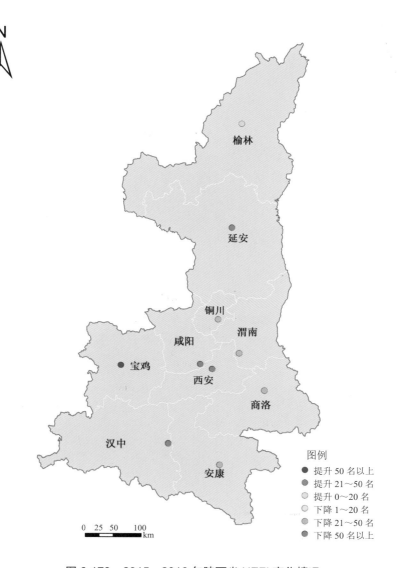

图 6-173　2015—2016 年陕西省 UEFI 变化情况

　　从图 6-173 可见，2015—2016 年陕西省城市生态环境友好指数排名变化情况较差。除了宝鸡和榆林两个城市排名呈上升以外，其余城市的排名下降幅度均大于 20 位。其变化原因具体从三项分指数进行说明。

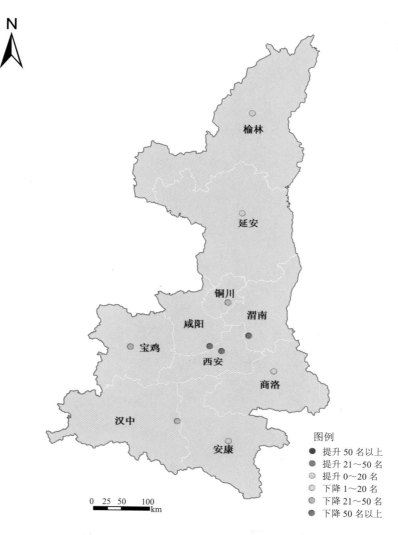

图 6-174 2015—2016 年陕西省 EEFI 变化情况

从图 6-174 可见，2015—2016 年陕西省城市生态分指数排名变化情况。只有榆林、延安、安康三个城市的排名呈小幅上升，其余城市排名下降幅度均超过 20 名。从三级指标具体来看，该省份的生态用地比例下降幅度最大，2015 年的生态用地比例已经处于全国较低水平，平均值为 45.12%，2016 年更是下降了将近 5%。尤其渭南市，2016 年该市的生态用地比例仅为 28%。生态用地在调节城市气候等方面有重要的作用，应引起足够的重视。

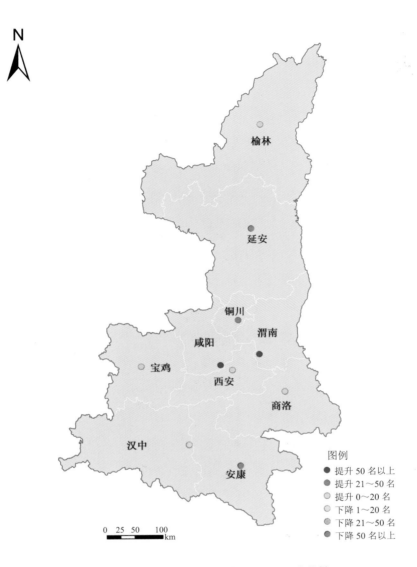

图例
● 提升 50 名以上
● 提升 21～50 名
○ 提升 0～20 名
○ 下降 1～20 名
● 下降 21～50 名
● 下降 50 名以上

0 25 50   100
              km

图 6-175　2015—2016 年陕西省 PEFI 变化情况

　　从图 6-175 可见，2015—2016 年陕西省城市生产分指数排名变化情况较好。除了延安和安康市排名分别下降了 79 位和 73 位以外，其余城市的排名均上升。从三级具体指标来看，延安市和安康市的单位 GDP 废气污染物排放量增加较多，平均提升了 2 t/万元左右。这也是直接导致陕西省生产分指数排名下降的原因。

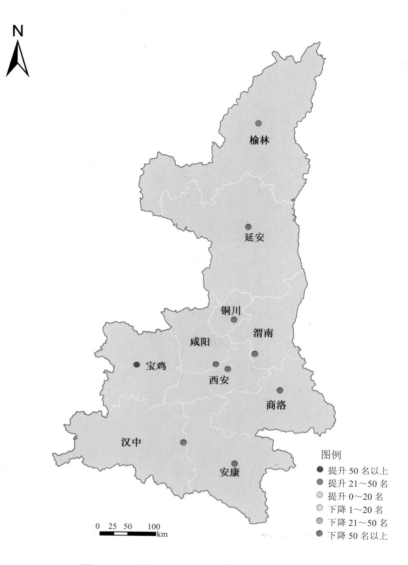

图 6-176　2015—2016 年陕西省 LEFI 变化情况

　　从图 6-176 可见，2015—2016 年陕西省城市生活分指数排名变化是三项分指数变化情况中最差的，且变化幅度极大。除了榆林和宝鸡两个城市该项分指数排名上升以外，其余城市生活分指数排名均下降，且下降幅度超过了 50 位。陕西省生活环境友好度下降的主要原因是建成区绿化率的下降，从 2015 年的 56% 下降到了 50.2%。尤其渭南市，2016 年建成区绿化率仅为 28%。

6.23 甘肃省

6.23.1 2016 年甘肃省各项指数现状

2016 年甘肃省各项指数值及排名情况见表 6-45。

表 6-45 2016 年甘肃省各项指数值及排名情况

城市	UEFI	排名	EEFI	排名	PEFI	排名	LEFI	排名
兰州	49.4	140	50.7	161	56.5	24	44.7	256
嘉峪关	47.4	215	53.8	99	34.8	289	56.5	12
金昌	50.1	107	53.5	108	42.5	278	58.6	4
白银	48.4	181	54.7	84	42.4	279	50.5	150
天水	49.7	133	53.3	113	50.4	148	48.5	198
武威	50.4	95	53	119	51.1	121	51	129
张掖	51.4	54	55.8	65	49.1	199	52.6	80
平凉	49.9	117	52.8	122	49.5	187	51.1	125
酒泉	49.4	140	51.3	150	49.3	194	51.7	107
庆阳	49.6	135	54.8	80	51.4	112	45	253
定西	48	193	55.4	72	51.1	121	38.7	281
陇南	47.5	209	58.3	30	49.1	199	34.6	288

从图 6-177 可见，2016 年甘肃省城市生态环境友好指数排名分布情况。该省份的城市生态环境友好指数平均排名为第 143 名。仅有张掖和武威两个城市排在全国第 100 位之前，分别是张掖位于第 54 位，武威位于第 95 位。其余城市均排在了第 100 位之后。从三项分指数来说明原因。

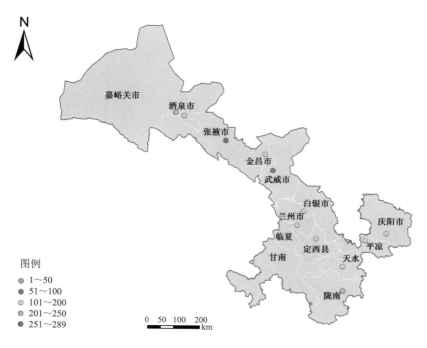

图 6-177　2016 年甘肃省 UEFI 排名分布

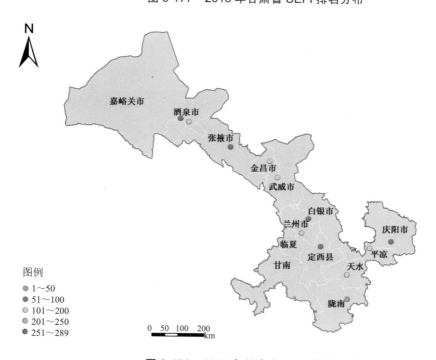

图 6-178　2016 年甘肃省 EEFI 排名分布

从图 6-178 可见，甘肃省影响城市生态环境友好指数所占权重最大的生态分指数
排名情况。整体来看，该省份的生态分指数平均排名位于第 100 位，是三项分指数排
名中最好的一项。城市数量分布在第 101～200 位的区间内最多，故该省份在生态环境
方面仍然有一定的上升空间。

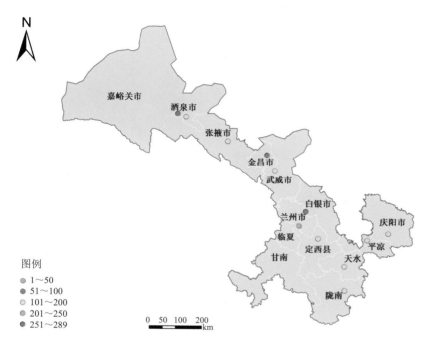

图 6-179　2016 年甘肃省 PEFI 排名分布

从图 6-179 可见，甘肃省生产分指数排名情况。整体来看，该区域的生产分指数
平均排名位于第 179 位。其中酒泉、金昌、白银三个城市的排名位于全国第 250 位之
后，其主要原因是该区域的单位 GDP 废气污染物排放量较高，是全国平均值的 1.5 倍。

从图 6-180 可见，甘肃省生活分指数排名情况也相对较差，排名位于 200 位之后
的城市数量较多，且平均排名为 160 位，是该省的三项分指数中排名最差的。其主要
原因是该区域内城市平均饮用水水源地水质达标率较低，仅为 45.3%。

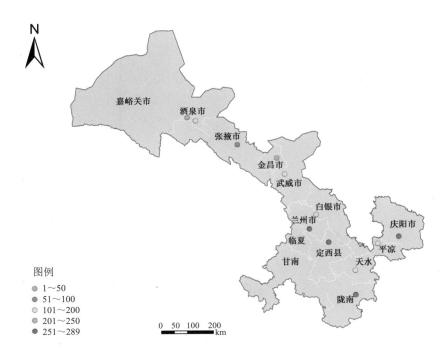

图 6-180　2016 年甘肃省 LEFI 排名分布

6.23.2　2015—2016 年甘肃省总指数及三项分指数变化情况

2015—2016 年甘肃省总指数及分指数排名变化见表 6-46。

表 6-46　2015—2016 年甘肃省总指数及分指数排名变化

城市	UEFI	EEFI	PEFI	LEFI
兰州	1	−7	11	3
嘉峪关	−72	1	−8	−10
金昌	117	10	10	1
白银	70	26	6	−13
天水	−32	−3	−31	−16
武威	29	16	87	−66
张掖	133	41	48	160
平凉	93	16	76	81

城市	UEFI	EEFI	PEFI	LEFI
酒泉	−4	31	−67	−47
庆阳	−44	17	−49	−10
定西	−97	20	−1	−68
陇南	−66	6	38	−26

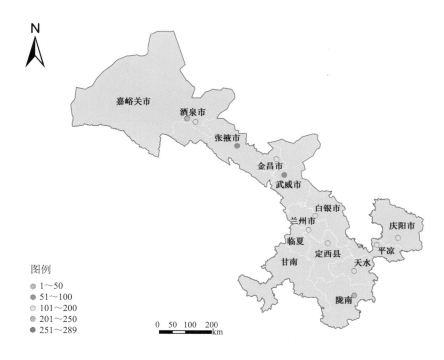

图 6-181　2015—2016 年甘肃省 UEFI 变化情况

从图 6-181 可见，2015—2016 年甘肃省城市生态环境友好指数排名变化情况较差。除了酒泉和陇南两个城市排名，其余城市的排名下降幅度均大于 20 位。其变化原因具体从三项分指数进行说明。

从图 6-182 可见，2015—2016 年甘肃省城市生态分指数排名变化情况。除了兰州、天水市有小幅下降以外，其他城市名次均上升。从三级指标具体说明，主要原因是生态用地比例的上升，该省份的生态用地比例值从 2015 年的 43.5% 上升到了 45.1%。

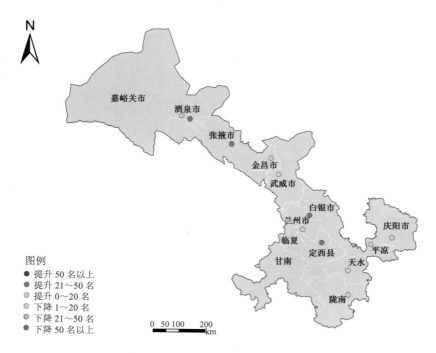

图 6-182　2015—2016 年甘肃省 EEFI 变化情况

图 6-183　2015—2016 年甘肃省 PEFI 变化情况

从图 6-183 可见，2015—2016 年陕西省城市生产分指数排名变化情况。其中，酒泉市排名下降了 67 名，其主要原因是该市的工业固体废物综合利用率的显著下降，从 2015 年的 41.2%下降到了 2016 年的 37.8%。同时，该省份的平均工业固体废物综合率也有下降趋势，平均值下降了 1.2%。

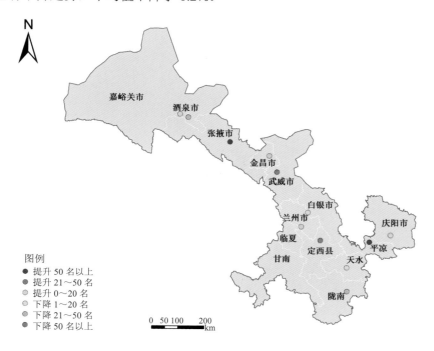

图 6-184　2015—2016 年甘肃省 LEFI 变化情况

从图 6-184 可见，2015—2016 年甘肃省城市生活分指数排名变化情况。定西、武威两个城市排名下降幅度超过 50 位，其主要原因是建成区绿化率的下降。两个城市的下降幅度分布为 1.2%和 0.9%。

6.24　宁夏回族自治区

6.24.1　2016 年宁夏回族自治区各项指数现状

2016 年宁夏回族自治区各项指数值及排名情况见表 6-47。

表 6-47　2016 年宁夏回族自治区各项指数值及排名情况

城市	UEFI	排名	EEFI	排名	PEFI	排名	LEFI	排名
银川	48.4	181	48	198	51.2	116	50.8	136
石嘴山	43.8	278	45.9	228	39.6	283	49.8	173
吴忠	44.9	267	53.8	99	40.8	280	40.7	273
固源	48	193	54.4	90	48.7	207	42.8	266
中卫	46.6	243	54.3	91	36.7	287	50.7	142

图 6-185　2016 年宁夏回族自治区 UEFI 排名分布

从图 6-185 可见，2016 年宁夏回族自治区城市生态环境友好指数排名分布情况。
该省份的城市生态环境友好指数平均排名为第 232 名，为全国范围内排名最差的省份，
从三项分指数来说明原因。

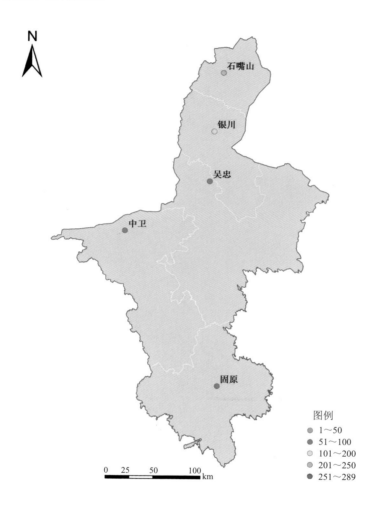

图 6-186　2016 年宁夏回族自治区 EEFI 排名分布

从图 6-186 可见，宁夏回族自治区影响城市生态环境友好指数所占权重最大的生
态分指数排名情况。整体来看，该省份的生态分指数平均排名位于第 143 位，是三项
分指数排名中最好的一项，且吴忠和固源两个城市均排在了前 100 位。但石嘴山市仍
排名在 200 位之后，其主要原因是空气质量达标天数比例以及生态用地比例较低，分
别为 43.1% 和 46.1%。

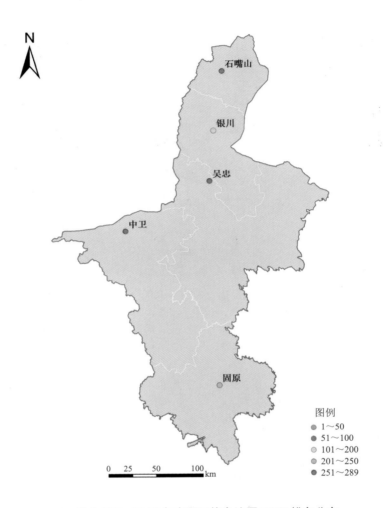

图 6-187　2016 年宁夏回族自治区 PEFI 排名分布

从图 6-187 可见，宁夏回族自治区生产分指数排名情况。整体来看，该区域的生产分指数平均排名位于第 235 位。吴忠、石嘴山、固源三个城市的排名均位于全国第250 位之后。其主要原因是单位 GDP 水耗较高，平均值为 51.2 t/万元。在水资源较为匮乏的西部地区，更应注意水资源的消耗，这也是该地区亟待解决的问题。

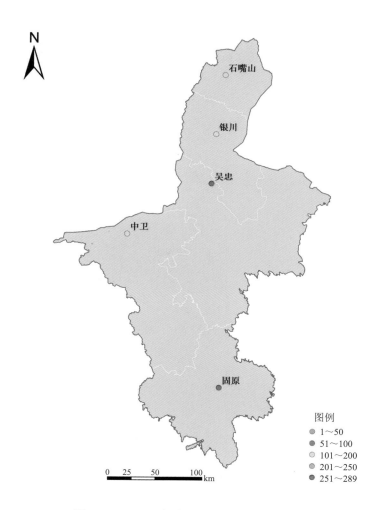

图 6-188　2016 年宁夏回族自治区 LEFI 排名分布

　　从图 6-188 可见，宁夏回族自治区生活分指数排名情况也相对较差，平均排名位于第 198 位。吴忠、固原两个城市的排名情况最差，分别为第 273 位、第 266 位。从三级具体指标来说，吴忠市排名较差的原因是生活污水集中处理率较低，仅为 32.8%。而固原市排名较差的原因是建成区绿化率过低，仅为 46.4%。

6.24.2　2015—2016 年宁夏回族自治区总指数及三项分指数变化情况

　　2015—2016 年宁夏回族自治区总指数及分指数排名变化见表 6-48。

表 6-48 2015—2016 年宁夏回族自治区总指数及分指数排名变化

城市	UEFI	EEFI	PEFI	LEFI
银川	−30	−41	26	35
石嘴山	−9	−20	0	−36
吴忠	−18	−12	4	−52
固原	−12	−16	−23	13
中卫	11	6	−1	21

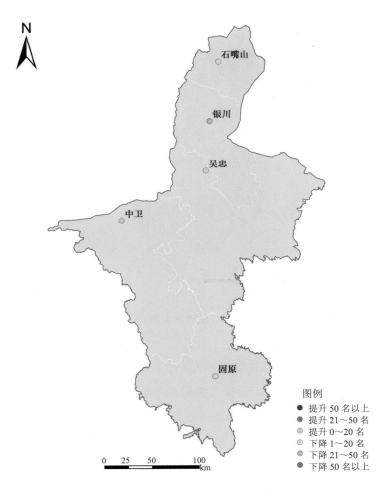

图 6-189 2015—2016 年宁夏回族自治区 UEFI 变化情况

从图 6-189 可见，2015—2016 年宁夏回族自治区城市生态环境友好指数排名变化

情况不容乐观。除了银川市下降 30 位以外，其他城市均小幅度波动。其变化原因具体
从三项分指数进行说明。

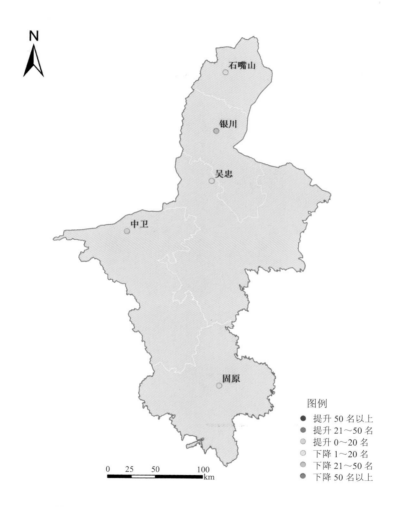

图 6-190　2015—2016 年宁夏回族自治区 EEFI 变化情况

从图 6-190 可见，2015—2016 年宁夏回族自治区城市生态分指数排名变化情况。
与城市生态环境友好指数排名变化情况基本相同，除了银川市下降幅度超过了 20 名以
外，其他城市的该项分指数排名情况变化幅度较小。其主要原因是银川市生态用地比
例较 2015 年下降了 0.9%。

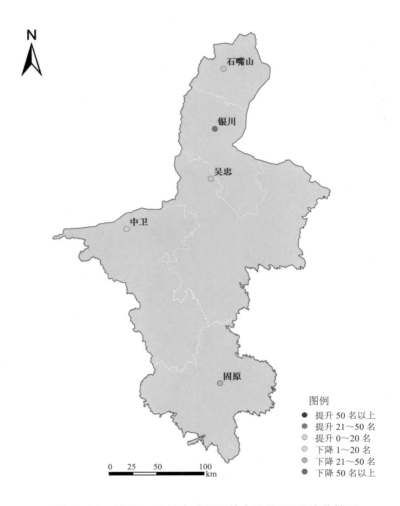

图 6-191　2015—2016 年宁夏回族自治区 PEFI 变化情况

　　从图 6-191 可见，2015—2016 年宁夏回族自治区城市生产分指数排名变化情况。其中，固原市排名下降了 23 名，其主要原因是该市的工业固体废物综合利用率下降了1.2%。其余城市小幅下降或上升。

　　从图 6-192 可见，2015—2016 年宁夏回族自治区城市生活分指数排名变化情况。吴忠市该项分指数下降了 52 名，下降幅度较大的原因是饮用水水源地水质达标率下降了 1.1%。

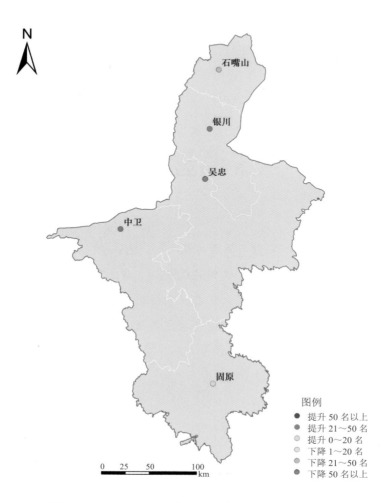

N

图例
● 提升 50 名以上
● 提升 21～50 名
○ 提升 0～20 名
○ 下降 1～20 名
● 下降 21～50 名
● 下降 50 名以上

0 25 50   100
km

图 6-192　2015—2016 年宁夏回族自治区 LEFI 变化情况

附录　专家调查表（部分）

　　您好！感谢您抽出宝贵时间参与调查问卷，为了科学评价城市生态环境友好程度，促进城市绿色转型，推动城市全面协调可持续发展，有必要研究发布城市生态环境友好指数。本研究拟从城市生态、生产、生活三个方面选取指标，对城市生态环境友好程度进行分层次的综合评价。本次调查旨在确定"城市生态环境友好指数"的各层级指标的权重，请您考虑前后两指标的重要性关系后填写问卷，本问卷采用 1～9 标度法。

个人信息部分

　　您目前从事的行业：[单选题]

　　○与生态环保相关行业

　　○其他行业

　　您的职称 [单选题]

　　○初级职称

　　○中级职称

　　○副高级职称

　　○正高级职称

　　○其他

生态环境友好部分

1　空气质量综合指数（参与评价的各项污染物的单项质量指数之和，综合指数越大表明空气污染程度越重）与空气质量达标天数比例的重要性关系为 [单选题]

　　○前者比后者重要

　　○前者与后者一样重要

○前者不如后者重要

1.1　空气质量综合指数比较于空气质量达标天数比例的具体重要程度 [单选题]

○介于相同重要~稍微重要

○稍微重要

○介于稍微重要~明显重要

○明显重要

○介于明显重要~强烈重要

○强烈重要

○介于强烈重要~极端重要

○极端重要

1.2　空气质量达标天数比例比较于空气质量综合指数的具体重要程度 [单选题]

○介于相同重要~稍微重要

○稍微重要

○介于稍微重要~明显重要

○明显重要

○介于明显重要~强烈重要

○强烈重要

○介于强烈重要~极端重要

○极端重要

如上，将每两项指标都进行上述的对比，构成了全部调查问卷内容

参考文献

[1] Antov M G，Aćiban M B，Petrović N J. Proteins from common bean（Phaseolus vulgaris） seed as a natural coagulant for potential application in water turbidityremoval[J]. Bioresource Technology，2010，101（7）：2167-2172.

[2] Ayangbenro A，Babalola O. A new strategy for heavy metal polluted environments：A review of microbial biosorbents[J]. International Journal of Environmental Research and Public Health，2017，14（1）：94.

[3] Beninde J，Veith M，Hochkirch A. Biodiversity in cities needs space：a meta analysis of factors determining intra-urban biodiversity variation[J]. Ecology Letters，2015，18（6）：581-592.

[4] Dehghani M H，Biati A，Mirzaeian Z，et al. Dataset on investigating an optimal，household waste management in GIS environment and quantitative and qualitative analysis in Bumehen city，Tehran，Iran[J]. Data in Brief，2018，20：258-268.

[5] Dezfulian C. Nitrite Therapy after cardiac arrest reduces reactive Oxygen species generation，improves cardiac and neurological function，and enhances survival via reversible inhibition of mitochondrial complex I [J]. Journal Citation Reports，2009，120：897-905.

[6] Freire P C C，Wex N，Esposito-Farèse G，et al. The relativistic pulsar-white dwarf binary PSR J1738+0333 - II. The most stringent test of scalar-tensor gravity[J]. Monthly Notices of the Royal Astronomical Society，2012，423（4）：3328-3343.

[7] Gustavson K R，Lonergan S C，Ruitenbeek H J. Selection and modeling of sustainable development indicators：a case study of the Fraser River basin[J]. British Columbia，1999，28（1）：117-132.

[8] Hanley N. Measuring sustainability：A time series of alternative indicators for Scotland[J]. Ecological Economics，1999，28：55-73.

[9] Islam S M N，Munasinghe M，Clarke M. Making long-term economic growth more sustainable：evaluating the costs and benefits[J]. Ecological Economics，2003，47（2-3）：149-166.

[10] Itoh N，Numata M，Aoyagi Y，et al. Accurate quantification of polycyclic aromatic hydrocarbons in environmental samples using deuterium-labeled compounds as internal standards[J]. 2008，24（9）：1193-1197.

[11] Lorek S，Spangenberg J H. Sustainable consumption within a sustainable economic beyond green growth and green economies[J]. Journal of Cleaner Production，2014，63：33-44.

[12] Motamed A. Influence of test geometry，temperature，stress level，and loading duration on binder properties measured using DSR [J]. Materials in Civil Engineering，2011，23（10）：1422-1432

[13] Yuvaraj P，Satheeswaran T，Damotharan P，et al. Evaluation of the environmental quality of parangipettai，southeast coast of India，by using multivariate and geospatial tool[J]. Marine Pollution Bulletin，2018，131：239-247.

[14] 柏国强. 上海构建环境友好型城市研究[D]. 上海：华东师范大学，2005.

[15] 鲍伟. 综合评价方法在环境评价中的应用[J]. 环境影响评价，2018，30（2）：32-35.

[16] 曹利军，王华东. 可持续发展评价指标体系建立原理与方法研究[J]. 环境科学学报，1998，18（5）：526-533.

[17] 陈红喜，叶依广. 基于政府视角的资源节约型和环境友好型城市建设探析——以南京市为例[J]. 经济师，2007，（9）：53-54.

[18] 陈静，林逢春，曾智超. 企业环境绩效模糊综合评价[J]. 环境污染与防治，2006（1）：37-40.

[19] 陈军飞，王慧敏. 生态城市建设指标体系与综合评价研究[J]. 环境保护，2005，20（9）：52-55.

[20] 陈玉娟，查奇芬，黎晓兰. 熵值法在城市可持续发展水平评价中的应用[J]. 环境保护（社会科学版），2006，8（3）：88-92.

[21] 陈志云，张泽沣. 基于综合指数法的太原市自然生态环境评价[J]. 嘉应学报，2018（2）：62-67.

[22] 戴波. 环境友好评价体系——基于生态价值量化方法的研究[J]. 云南民族大学学报（哲学社会科学版），2008（4）：25-29.

[23] 戴子敬. 资源型城市经济与环境发展协调性评价与预测研究[D]. 长沙：中南大学，2013.

[24] 单宁珍，赵文侃. 构建环境友好型社会的生态政治学思考[J]. 北京印刷学院学报，2006，14（5）：55-57.

[25] 党玮，王海瑞，李国俊. 华东地区区域自主创新能力的评价研究——基于灰色聚类分析和全局

主成分分析[J]. 工业技术经济，2015，21（1）：100-120.

[26] 邓雪. 层次分析法权重计算方法分析及其应用研究[J]. 数学的实践与认识，2012，42（7）：4-99.

[27] 董明辉，邹滨. 城市两型社会发展评价与对策实证研究[J]. 地域研究与开发，2012，31（3）：126-130.

[28] 杜晓丽，邵春福，孙志超. 基于 DPSIR 框架理论的环境管理能力分析[J]. 交通环保，2005，26（3）：50-55.

[29] 方建华. 城市总体环境质量的模糊综合二级评判[J]. 1992，11（2）：25-29.

[30] 葛晖，刘绮. 广义模糊综合二级评判方法在城市总体环境质量评价中的应用[J]. 环境科学丛刊，1991，20（2）：6-12.

[31] 龚曙明，朱海玲. 两型社会综合监测评价体系与方法研究[J]. 统计与决策，2009，10（3）：14-16.

[32] 顾雪松，迟国泰，程鹤. 基于聚类——因子分析的科技评价指标体系构建[J]. 科学学研究，2012，21（4）：32-33.

[33] 郭秀瑞，杨居荣，毛显强. 生态城市建设及其指标体系[J]. 城市发展研究，2001，8（6）：54-58.

[34] 国家环境总局. 全国城市环境管理与综合治理年度报告. 2006.

[35] 韩怀芬. 适合我国国情的城市生活垃圾处理方法[J]. 环境污染与防治，2000，22（6）：40-41.

[36] 洪大用. 关于中国环境问题和生态文明建设的新思考[J]. 探索与争鸣，2013（10）：4-10.

[37] 简新华. 论中国的"两型社会"建设[J]. 学术月刊，2019，41（3）：65-71.

[38] 解振华. 努力建设环境友好型社会[J]. 环境保护，2005（10）：11-16.

[39] 李萌，蔡建飞. 基于层次分析法ＡＨＰ的城市创新环境综合评价研究[J]. 科技管理研究，2012，30（2）：31-35.

[40] 李名升，佟连军. 中国环境友好型社会评价体系构建与应用[J]. 中国人口·资源与环境，2007（5）：105-111.

[41] 李伟娟，李祥荣. 环境友好型城市[M]. 北京：中国环境科学出版社，2006：6.

[42] 李新平. 两型社会建设评价指标体系研究[J]. 邵阳学院学报，2011，10（1）：34-39.

[43] 李鑫. 两型社会综合评价指标体系建立研究——以长株潭为例[J]. 当代教育与理论，2012，4（1）：59-61.

[44] 李玉照，刘永，颜小品. 基于 DPSIR 模型的流域生态安全评价指标体系研究[J]. 北京大学学报：自然科学版，2012，48（6）：971-981.

[45] 李育冬，原新. 环境友好城市建设中的循环经济思想探析[J]. 生产力研究，2009，32（12）：32-42.

[46] 厉彦玲，朱宝林，王亮. 基于综合指数法的生态环境质量综合评价系统的设计与应用[J]. 测绘科学，2005，10（1）：89-91.

[47] 刘晓洁，沈镭. 资源节约型社会综合评价指标体系研究[J]. 自然资源学报，2006，21（3）：382-391.

[48] 刘英英. 基于GIS陇南市生态功能区划及环境友好型土地利用模式[J]. 干旱区资源与环境，2011，25（1）：39-43.

[49] 彭水军，包群. 经济增长与环境污染——环境库兹涅茨曲线假说的中国检验[J]. 财经问题研究，2006，20（8）：3-17.

[50] 任勇. 环境友好型社会理念的认识基础及内涵段落导读[J]. 环境经济，2005，12（2）：17-22.

[51] 唐华丽，王晓红. GIS技术在环境评价领域的应用现状[J]. 山地农业生物学报，2008（6）：534-538.

[52] 王柏玲，杨清. 大连建设资源节约型、环境友好型城市的产业政策[J]. 大连海事大学学报（社会科学版），2009，8（1）：27-30.

[53] 王春根，郭赟，邵永康. 综合评价方法在环境评价中的应用分析[J]. 资源节约与环保，2017，10（11）：95-100.

[54] 王金涛. 基于DPSIR模型的土地利用规划环境影响评价研究[D]. 武汉：华中师范大学，2011.

[55] 王丽，左其亭，高军. 省资源节约型社会的内涵及评价指标体系研究[J]. 地理科学进展，2007，26（4）：86-92.

[56] 王正环. 一种改进的DSR模型[J]. 三明学院学报，2008，12（2）：236-240.

[57] 温家宝. 全面落实科学发展观加快建设环境友好型社会[J]. 环境保护，2006（8）：7-12.

[58] 温宗国，李蕾. 环境友好城市指标体系及其标杆管理[J]. 环境保护，2007，18（2）：26-28.

[59] 吴玫玫，张燕锋，林逢春. 基于社会结构视角的环境友好型社会评价. 指标体系构建[J]. 资源科学，2010，32（11）：2100-2106.

[60] 吴琼，王如松，李宏卿. 生态城市指标体系与评价方法[J]. 生态学报，2005，25（8）：2090-2095.

[61] 吴小节，谌跃龙，汪秀琼，等. 中国31个省级行政区环境友好型社会发展状况综合评价与空间分异[J]. 干旱区资源与环境，2015（4）：7-12.

[62] 熊彼特. 经济发展理论[M]. 北京：商务印书馆，1991.

[63] 徐统仁. 环境友好型社会的科学内涵与对策建议[J]. 青岛科技大学学报（社会科学版），2007，7（3）：82-86.

[64] 薛惠敏，胡春梅. 基于遥感与GIS的区域生态环境评价方法的研究[J]. 地理信息世界，2016，12（5）：80-85.

[65] 颜莉. 我国区域创新效率评价指标体系实证研究[J]. 管理世界，2012，20（5）：20-30.

[66] 叶文虎，仝川. 联合国可持续发展指标体系述评[J]. 中国人口·资源与环境，1997，3（1）：83-87.

[67] 易江. 模糊数学方法在城市环境综合整治定量考核综合评判中的应用[J].

[68] 於贤德. 论科学发展观与环境友好型城市的建设[J]. 湛江师范学院学报，2008，29（1）：129-133.

[69] 袁志明. 环境友好型社会评价指标测度方法研究[J]. 科研管理，2008，29（4）：175-179.

[70] 原华君，司马慧. 生态城市的概念与发展回顾[J]. 国土与自然资源研究，2005，21（4）：17-19.

[71] 岳秀萍. 城市噪声污染与控制[J]. 科技情报开发与经济，2004，14（5）：55-60.

[72] 张坤民，温宗国，杜斌等. 生态城市评估与指标体系[M]. 北京：化学工业出版社，2003.

[73] 张新端. 环境友好型城市建设环境指标体系研究[D]. 重庆大学，2007.

[74] 张燕锋. 环境友好型社会理论及评价方法初步研究[D]. 2008.

[75] 张永波，张礼中，刘光等. 基于 GIS 的地下水水质综合评价模型的设计与开发[J]. 煤田地质与勘探，2002，20（6）：41-43.

[76] 赵明华，李桂香. 资源节约型社会评价指标体系的构建[J]. 资源开发与市场，2007，23（8）：706-708.

[77] 赵倩. 综合评价方法在环境评价中的应用刍议[J]. 新疆有色金属，2018（5）：104-105.

[78] 赵清，张珞平，陈宗团. 生态城市理论研究述评[J]. 生态经济，2007，13（5）：155-159.

[79] 赵焱. 发展循环经济，建设环境友好型城市——温州模式下的循环经济研究[J]. 城市发展研究，2006，13（5）：51-54